KNAUR✶

SARA & MICHAEL NIEDRIG
mit Grete Anders und Valentina Storck

Auf
Gut Glück

Unser abenteuerlicher
Neustart als Selbstversorger

KNAUR

Besuchen Sie uns im Internet:
www.droemer-knaur.de

Aus Verantwortung für die Umwelt hat sich die Verlagsgruppe
Droemer Knaur zu einer nachhaltigen Buchproduktion verpflichtet.
Der bewusste Umgang mit unseren Ressourcen, der Schutz unseres Klimas
und der Natur gehören zu unseren obersten Unternehmenszielen.
Gemeinsam mit unseren Partnern und Lieferanten setzen wir uns für
eine klimaneutrale Buchproduktion ein, die den Erwerb von Klima-
zertifikaten zur Kompensation des CO_2-Ausstoßes einschließt.
Weitere Informationen finden Sie unter: www.klimaneutralerverlag.de

Originalausgabe September 2023
© 2023 Knaur Verlag
Ein Imprint der Verlagsgruppe
Droemer Knaur GmbH & Co. KG, München

Grete Anders und Valentina Storck vermittelt von dots & plots
Redaktion: Alexandra Eckl
Covergestaltung: Verlagsgruppe Droemer Knaur, Isabella Materne
Coverabbildung: Martin Miseré
Alle Fotos im Innenteil von Sara und Michael Niedrig,
außer der Luftbildaufnahme von Matthias Schmidt auf Seite 1 des Bildteils.
Satz und Layout: Adobe InDesign im Verlag
Druck und Bindung: CPI books GmbH, Leck
ISBN 978-3-426-28626-5

2   4   5   3   1

Inhalt

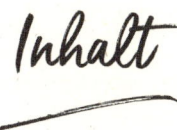

Vorwort

Herzlich willkommen auf Gut Glück

Uns begegnen immer wieder Menschen, die ähnliche Träume hegen wie wir, sich eine Veränderung in ihrem Leben wünschen. Die Fragen stellen, beispielsweise, wie wir Gut Neuwerk eigentlich gefunden haben? Ob wir keine Angst davor gehabt hätten, unser Leben so radikal zu verändern? Und ebenso oft fällt schließlich der Satz: »Aber ich traue mir das ja nicht zu. Das bleibt eben ein Traum.«

Während wir diese Fragen beantworten, unsere Geschichte erzählen, wird auch für uns selbst jedes Mal aufs Neue deutlich, was die Grundlage für unser Abenteuer bildet: der Mut, einfach draufloszugehen, etwas zu wagen, selbst wenn wir noch nicht wissen, wohin es uns letztlich führt.

Wahrscheinlich lohnt es sich genau deswegen, unsere Geschichte zu teilen.

Wir sind diesen Weg gegangen, ohne irgendeine Ahnung von dem zu haben, was auf uns zukommen wird und was jetzt unseren Alltag bestimmt. Wir mussten alles neu lernen und sind noch lange nicht am Ziel. Denn, so viel vorweg, ein Ziel existiert nicht, zumindest keines, das man am Reißbrett skizzieren könnte. Dieser Weg hört nie auf. Während wir ihn gehen, formt sich Schritt für Schritt eine Landkarte der Intuition in uns und wir nähern uns dem Zustand, in dem wir sein und leben möchten.

Im Laufen denkt man ja nicht unbedingt über den Weg nach, den man gerade hinter sich gelassen hat, sondern eher über die Strecke, die noch vor einem liegt. Als jedoch der Verlag auf uns zukam und uns fragte, ob wir nicht Lust hätten, unsere Erlebnisse zu teilen, beschäftigten wir uns intensiver mit der Frage, warum und wie wir unsere Geschichte erzählen wollten. Wir nahmen uns die Zeit, uns hinzusetzen und die letzten Jahre Revue passieren zu lassen. Und wir stellten fest: Der Wunsch, den eigenen Traum zu verfolgen, Veränderung zu wagen, ist eng verbunden mit der Frage, wie wir in Zukunft leben wollen. Als Einzelne, aber auch als Gesellschaft. Unser eigener Weg berührt Themen, die aktuell viele Menschen beschäftigen und im Trend liegen, wie Stadtflucht, Selbstversorgung und nachhaltiges Leben. Und er hält tatsächlich so einiges an Erfahrungen, tragischen, komischen und ungeahnten Ereignissen bereit.

Schlussendlich haben wir uns also für dieses Buch entschieden und stürzen uns damit in ein neues Abenteuer, in ein weiteres von zahllosen ersten Malen, aus denen diese Geschichte besteht.

Und wir fragten uns, welches Buch wir gerne gelesen hätten, bevor wir ein Gut mitten in der Eifel kauften. Was hätte uns ermutigt und irgendwie vorbereitet? Als die Grünschnäbel, die wir waren?

Aber wenn wir ehrlich sind, waren wir so naiv, dass wir gar keine Ahnung hatten, für welches Buch wir uns zuerst hätten entscheiden sollen. Wir hätten eine kleine Bibliothek durchackern müssen: über Landwirtschaft, Forstwirtschaft, Tierhaltung, Wasserkunde, Bauen, Ferienhäuser und vieles mehr. Vermutlich hätten wir anschließend die Hände über dem Kopf zusammengeschlagen und ebenfalls gesagt: »Wir trauen uns das nicht zu!«, und wären nie hier gelandet.

Dieses Buch ist keine »In zehn Schritten zur Selbstversorgung auf dem Land«-Ratgeberliteratur, denn wir maßen uns nicht an, Experten dafür zu sein. Auf uns treffen eher die Worte des US-amerikanischen Schriftstellers Erskine Caldwell zu: Wir sammeln Erfahrungen wie Pilze, einzeln und immer mit dem Gefühl, dass die Sache nicht ganz geheuer ist.

Stattdessen gibt dieses Buch ein paar konkrete Tipps, versucht Möglichkeiten aufzuzeigen, für neue Themen und Perspektiven zu begeistern, das Image der wunderschönen Eifel aufzupolieren, in der man alles andere als tot überm Zaun hängt, euch vielleicht zum Nachdenken anzuregen und zwischendrin hoffentlich auch zu amüsieren.

Doch im Kern geht es uns vor allem darum, euch zu ermutigen, eurer Intuition und eurem Bauchgefühl zu folgen, wenn ihr das Bedürfnis nach Veränderung verspürt. Euren Ideen, Träumen und Perspektiven Raum zu geben, sich zu entwickeln. Neues zu wagen und einfach anzufangen. Darum, welche Haltung und Einstellung ihr entwickelt zu den Hürden, die sich euch dabei in den Weg stellen. Denn Hürden begleiten uns beide ständig. Wir kommen auf Gut Neuwerk immer wieder an den Punkt, an dem wir uns anschauen und fragen: »Was machen wir jetzt?« Unsere Antwort: »Keine Ahnung! Aber auf jeden Fall weiter!«

Jahrzehntelang stand unser Leben unter ganz anderen Vorzeichen. Wir waren Profisportler mit einem hektischen und hoch getakteten Alltag, in dem Gewinnen und Verlieren, Aufsteigen und Absteigen die einzige Währung waren. Ein wunderschönes Leben, das uns viele Privilegien schenkte und erfüllte. Wir arbeiteten hart für die Siege und Höhen unserer Karrieren. Und wir arbeiten hier auf Gut Neuwerk noch immer unverändert hart. Nicht mehr für das flüchtige Geschäft der Siege, sondern für etwas Dauerhaftes. Für die kleinen Veränderungen, die im Rahmen unserer Möglichkeiten liegen. Für einen Lebenstraum, von dem wir lange gar nicht wussten, dass er existiert. Aufstieg bedeutet heute für uns, ein Lebensmodell zu erschaffen, das Wirksamkeit, Ökologie, Nachhaltigkeit und Gemeinschaft im Blick hat. Für uns, für unsere Kinder und für die Zukunft. Getreu den Worten des indischen Philosophen Rabindranath Tagore:

»Wer Bäume setzt, obwohl er weiß, dass er nie in ihrem Schatten sitzen wird, hat zumindest angefangen, den Sinn des Lebens zu begreifen.«

Neue Triebe

*Von der Dreizimmerwohnung
auf einen Gutshof mitten im Wald*

So selbstverständlich es von außen betrachtet erscheinen mag, dass Michi und ich uns durch den Leistungssport kennengelernt haben, ist es tatsächlich überhaupt nicht. Vermutlich spielte auch hier eine Portion Zufall oder Glück eine Rolle, denn Beachvolleyball und Fußball sind zwei eigenständige Welten. Sicherlich erklärt der Sport aber unser gemeinsames Mindset, mit dem wir beide an Dinge herangehen, das unseren Weg geprägt hat und uns zusammen auf ein Gut mitten im Wald führte.

Aufgewachsen bin ich am Ammersee im Münchner Umland, also relativ ländlich, mit meinen Eltern und meinem zwei Jahre älteren Bruder. Als ich sechs Jahre war, entzündete sich meine Liebe zum Volleyball, beim TSV Herrsching. Ich hatte Talent und vor allem war ich wahnsinnig ehrgeizig. Bis ich fünfzehn wurde, durchlief ich verschiedene Förder- und Auswahlprogramme. Dann ging es richtig los: Ich wechselte zum SV Lohhof, der gerade dabei war, in die Bundesliga aufzusteigen und in Bayern so etwas wie das Zentrum des Hallenvolleyballs darstellte. Anfangs bin ich noch mit der

S-Bahn zwei Stunden zum Training gefahren, aber als sich der Trainingsrhythmus dann von zwei auf vier Tage pro Woche steigerte und ich meine Hausaufgaben regelmäßig in der Bahn erledigte, wurde klar, dass das keine Dauerlösung sein konnte.

Damit stand die erste größere Veränderung an, auf die eine ganze Reihe weiterer folgen würden: Ich zog in eine Gastfamilie vor Ort und wechselte die Schule. Jedoch wanderte meine Gastfamilie im Jahr darauf in die Schweiz aus und ich bezog mit gerade mal sechzehn Jahren eine eigene Wohnung, die ich mir mit einer Mannschaftskollegin aus Australien teilte. Im gleichen Jahr rutschte der Verein allerdings in die Insolvenz und ich stand da, war von zu Hause ausgezogen, hatte die Schule gewechselt, war auf dem Sprung in die zwölfte Klasse und hatte keine Ahnung, wie es weitergehen sollte.

Zum Glück kam recht schnell ein Angebot von Bayer Leverkusen, das mir ermöglichte, die letzten beiden Schuljahre an einem Ort zu verbringen und weiter in der Hallenbundesliga zu spielen. Gleichzeitig brachte es mich näher zum Beachvolleyball. Damals schon träumte ich davon, mich in diesem Bereich zu etablieren, doch mir war bewusst, dass es aufgrund der notwendigen Auslandsreisen in einem professionellen Rahmen erst nach meinem Schulabschluss möglich sein würde. Zu dieser Zeit bestanden noch eine ziemliche Konkurrenz und wenig Synergien zwischen »Sand« und »Halle«. Keine besonders gute Voraussetzung, allerdings spielte es mir hier in die Karten, dass meine Leverkusener Trainerin früher selbst im Beachvolleyball aktiv war und weniger starre Ansichten pflegte: Sie ließ mich nebenbei auch im Sand trainieren.

Nach dem Abitur wechselte ich dann konsequenterweise an die Küste, ging als Profi erst nach Kiel und später, als dort der neue Olympiastützpunkt eröffnete, nach Hamburg. Die ersten Jahre spielte ich mit wechselnden Partnerinnen und ab 2004 dann sehr erfolgreich mit Laura Ludwig zusammen. Anders als im Hallenvolleyball reist du im Beachvolleyball mit deiner Partnerin und dem Trainer als Kernteam um die Welt. Hinzu kommt ein vom Verband gestellter Physiotherapeut und bei wichtigen Turnieren, wie Olympischen Spielen, Welt- oder Europameisterschaften, weitere personelle Unterstützung. Du bist also selbstständig in deiner eigenen Zweifrauenfirma, die für verschiedene Aufgaben externe Mitarbeiter anheuert und selbst bezahlt. Das bedeutet eine große Freiheit, bringt aber auch früh eine enorme Verantwortung mit sich, denn die Wahl deines Teams bestimmt den Erfolg und das Fortbestehen.

Meine Welt sah damals in der Regel so aus: Saisonvorbereitung ab Januar für drei Monate. Dabei handelte es sich um die trainingsintensivste Zeit, mit zwei, drei Trainingseinheiten pro Tag – Krafttraining, Ausdauer, Balleinheiten – und im Anschluss Physiotherapie. Sechs Tage die Woche, gefolgt von einem Regenerationstag mit Aquajogging oder Laufen. Im März flogen Laura und ich dann ins Trainingslager nach Neuseeland, denn unser Trainer wohnte zwar in Hamburg, konnte dadurch aber einige Wochen in seiner eigentlichen Heimat verbringen. Auf dem Rückweg legten wir meist noch einen Zwischenstopp in Australien ein, um ein paar Trainingsspiele mit den Australierinnen zu absolvieren. Danach stand in der Regel noch ein kürzeres Trainingslager auf den Kanarischen Inseln an und ein längeres in Los Angeles, während wir uns mit den starken amerikanischen Teams auf den Saisonstart im Mai vorbereiteten.

Die Turniersaison begann üblicherweise in China und Brasilien. Danach standen die europäischen Turniere an und am Schluss ging es noch mal nach Asien. Ein halbes Jahr lang spielst du also jede Woche ein Turnier und wechselst mehrfach die Kontinente. Im November und Dezember folgte die turnierfreie Zeit, in der es galt, Kraft und Ausdauer zu erhalten, und von der zwei bis vier Wochen für wirklichen Urlaub blieben.

Der Volleyball bestimmte seit der Schulzeit mein Leben, gab das Tempo vor, die Wohnorte, das Umfeld. Eine Zeit mit viel Training, Leistung und Reisen, die natürlich sehr geprägt hat. Michis Leben war ähnlich getaktet – und sah doch ganz anders aus.

Das stimmt, und auf jeden Fall spielte Sport auch für mich schon sehr früh eine wichtige Rolle. Meine Eltern sind extra für meine Geburt die gut 60 Kilometer von Remscheid nach Köln gefahren, weil sie wollten, dass »Kölle« in meinem Pass steht. Das ist sehr bezeichnend, da die Stadt und der 1. FC Köln mich bis heute begleiten.

Mit vier kam der aktive Fußball in mein Leben. Ich begann erst in meinem Heimatort Remscheid zu kicken und wurde dann mit elf Jahren in die Jugendmannschaft vom FC geholt. Meine Eltern haben die regelmäßige Pendelei irgendwie mit mir gewuppt und ich konnte zu Hause leben, bis nach dem Abitur und dem Zivildienst. Anschließend zog ich nach Köln, spielte in der A-Jugend und der U23 bei den Amateuren. Dabei trainiert man unter Profibedingungen und verdient damit auch Geld. Im Unterschied zu vielen Altersgenossen, die in den frühen Zwanzigern noch eher von der Hand in den Mund lebten, hatte ich dadurch schon lange einen Job und war abgesichert. Meinen ersten Profivertrag unterschrieb ich dann 2003. Nebenbei begann ich BWL zu studieren, zwar weniger intensiv als meine Kommilitonen an der Uni, aber stetig und gemächlich.

Anders als in Saras Trainingsalltag blieb mir im Fußball

mehr Zeit, die ich für anderes nutzen konnte. Selbst im Profibereich hatte ich damals innerhalb der Saison einen relativ regelmäßigen Rhythmus: Am Samstag war Spiel, sonntags eine Regenerationseinheit, montags frei, Dienstag zweimal am Tag Training, Mittwoch bis Freitag jeweils einmal und dann stand wieder ein Spiel an. Bei einmal Training am Tag hatte ich also um 14 Uhr Feierabend. Nach der Saison waren vier Wochen Sommerpause, bevor die intensivere Saisonvorbereitung inklusive Trainingslager wieder begann.

Sara zieht mich immer noch gerne damit auf, dass es Profisportler gibt und eben Fußballer. Als wir uns kennenlernten, konnte sie anfangs gar nicht glauben, dass wir nicht rund um die Uhr trainierten, wie sie. Fußball nimmt sie dementsprechend bis heute nicht so richtig ernst. Sie ging morgens los, zog eisern ihren Trainingsplan bis abends durch, auch ohne dass der Trainer – wie bei uns – danebenstand, und konnte es nicht fassen, dass wir teilweise nur halbe Tage trainierten. Heutzutage ist das anders, der Profifußballalltag ist heute deutlich durchgetakteter, aber vor zwanzig Jahren sah es so aus. Und gab Anlass für die eine oder andere Spöttelei Saras. Bis heute verweist sie gerne darauf, wie diszipliniert und eigenverantwortlich der gemeine Olympionike trainiert, im Vergleich zu den »rundum gepamperten Fußballern«.

Wie Sara und ich uns dann trotz unterschiedlicher Sportlerwelten kennengelernt haben, ist eine witzige Geschichte, die gut unter den Titel des Buches passt.

Ich war in Köln als Fußballer zwar gut, aber eben nicht sehr gut. Meine Fähigkeiten lagen zwischen der Bundesliga und der U23. Ich war Teil des Bundesliga-Kaders, spielte jedoch überwiegend in der U23 in der dritten Liga. Dann erhielt ich 2005 das Angebot von Holstein Kiel. Sie waren damals im Aufbruch, mit dem Ziel, in die 2. Bundesliga aufzusteigen, und stellten eine neue Mannschaft zusammen. Dadurch kam ich erstmals raus aus Köln und lebte plötzlich so weit im Norden, dass regelmäßig ins Rheinland pendeln nicht mehr funktionierte. Meine damalige Freundin blieb allerdings in Köln, was nicht lange gut ging. Wir hatten als Paar nicht die Basis, die Distanz auf Dauer aushält.

In dieser Zeit dachte ich zum ersten Mal ernsthaft darüber nach, was ich mir von einer Beziehung und einer Partnerin wünschte. Ich verspürte die Sehnsucht nach etwas Dauerhaftem, einer Verbindung auf Augenhöhe, die Konflikte erlaubt und aushält. Und eigentlich wurde mir klar, dass es eine Sportlerin sein musste, die mein Leben auf einer tieferen Ebene verstehen und tolerieren kann, weil sie damit vertraut ist und selbst eine gewisse Belastbarkeit mitbringt.

Aber das waren zunächst eher theoretische Überlegungen. Bis ich eines Morgens in meiner Küche saß, durch die aktuelle Ausgabe der *Kieler Nachrichten* blätterte, in der die Sportlerinnen des Jahres zur Wahl vorgeschlagen wurden, und Saras Bild aufschlug. Auch sie hatte ihre Basis zu dieser Zeit in Kiel, zumindest wenn sie da war und nicht irgendwo in der Welt unterwegs. Sie faszinierte mich sofort und ich wusste: Ich wollte sie kennenlernen. Also googelte ich und fand irgendeine Kontaktadresse. Weil ich allerdings keine Ahnung hatte, wen ich darüber erreichen würde, ob das Management oder sie persönlich, legte ich mir eine Mailadresse mit einem Tarnnamen zu. Rückblickend betrachtet etwas stalkermäßig. Inkognito schrieb ich sie dann an: Auf gut Glück und in einer lustigen Art und Weise, die mir heute äußerst unangenehm ist.

Neben einem Hallo und einleitenden Worten stand nämlich in dieser ersten Mail, dass die Sache mit uns beiden quasi klar wäre, jedoch den Haken hätte, dass wir unseren Kindern eines Tages erzählen müssten, dass wir uns aus der

Zeitung kennen. Damals erschien es mir lustig, so mit der Tür ins Haus zu fallen. Sara zum Glück auch. Sie fand mich zwar unverschämt, aber meine Nachricht irgendwie anders im Vergleich zu der zuckersüßen Fanpost, die sie sonst bekam. Ernst genommen hat sie mich nach eigener Aussage allerdings nicht.

Immerhin, sie schrieb zurück, stellte allerdings klar, dass sie in einer festen Beziehung sei. Ich antwortete trotzdem. Einige Zeit später haben wir uns dann einmal in Kiel verabredet, ein bisschen kennengelernt – und fanden uns ganz spannend. Wir schrieben uns weiterhin, und als feststand, dass es niemanden rumzukriegen galt, wurde alles sehr ehrlich. Wir tauschten uns über wirklich ALLES aus: Vorstellungen vom Leben, vom Glücklichsein, von Beziehungen und wie man sie führen möchte. Ich konnte das ganz konsequenzlos und ehrlich raushauen, Sara umgekehrt ebenfalls. Jeder für sich. Trotz des intensiven Kennenlernens und den sich häufenden Übereinstimmungen zwischen uns blieben die Rahmenbedingungen fest umrissen. Wir sahen uns ja nie. Sara war damals, und auch später noch, de facto beziehungsunfähig – aufgrund der Umstände. Wochenlang war sie gar nicht zu Hause und wenn, dann nur für zwei Tage.

Zwei Jahre nach der ersten Mail sind wir schließlich doch zusammengekommen. Nicht so honeymoonlike, dass man jede Minute miteinander verbringt, sondern in einer extremen Fernbeziehung. Wir haben Unmengen Geld in Telefongespräche investiert, bis es endlich Skype gab und wir uns trotz Zeitverschiebung und logistischem Gegenwind durch unserer beider Rhythmen, wenigstens sehen konnten. Es fing sachte an, aber funktionierte, weil wir uns durch die Mails auf einer Ebene kannten, die tiefer reichte. Wir hatten einen gemeinsamen Boden und wussten, dass es intensiver werden würde. Irgendwann.

Das ließ allerdings noch ein paar Jahre auf sich warten. Denn erst mal ging ich 2007 zurück nach Köln. Ich hatte mein BWL-Studium abgeschlossen und bekam dieses wahnsinnig tolle Angebot vom FC: einen Fünfjahresvertrag, was selten ist im Fußball, mit Übergang ins Management. Das bedeutete, dass ich als älterer Führungsspieler mit den jungen Wilden in der damaligen U21 spielte und im Anschluss an die sportliche Karriere nahtlos in ein neues Berufsfeld im Verein überging. Im Profisport ist die Frage, was danach kommt, ja ein heikles Thema. Du bist viel früher Rentner, in deinen Dreißigern, je nach Bereich, und musst eine zweite Karriere starten. Dieses »Was mache ich danach?« beschäftigte mich intensiv während der Sportkarriere, deswegen war das Angebot Gold wert. Dadurch wurde unsere Fernbeziehung aber noch etwas komplizierter, denn jetzt sollten wir auch unsere eigentlichen Wohnorte betreffend ein Stück weiter auseinander rutschen.

Es war eindeutig, dass Michi dieses wirklich gute Angebot annehmen musste. Also pendelten wir eine Weile, bis ich ein Jahr später meine Wohnung in Hamburg ganz aufgab. Ich war ohnehin kaum dort, und wir konnten uns stattdessen in Köln treffen, wenn ich zwischen den Turnieren für ein, zwei Tage nach Deutschland kam. Acht Jahre lang führten wir eine Beziehung zwischen Tür und Angel, bis ich 2012 meine Karriere als Beachvolleyballerin beendete und dachte: Wow, jetzt können wir endlich zusammenleben. Zumindest sah unser Plan so aus. Doch gleichzeitig stand ich derselben Frage wie Michi gegenüber: Was mache ich danach? Zumal ich mein Studium schon lange abgebrochen hatte, da es einfach nicht mit dem Sport vereinbar war. Ich war zwar noch jung genug, um ein neues Studium zu beginnen, aber dazu kam es nicht.

Der Fernsehsender *SKY* machte mir das Angebot, ein Volontariat als Sportjournalistin bei ihm zu absolvieren. Das war eine wirklich tolle Chance. Es bedeutete jedoch auch, für anderthalb Jahre nach München zu ziehen. Somit mussten wir wohl oder übel wieder einen Kompromiss eingehen. Im Gegensatz zu den Zeiten auf unterschiedlichen Kontinenten war Köln–München allerdings viel angenehmer und erlaubte uns regelmäßigere Wochenenden zusammen. Dennoch wussten wir: Nach der Ausbildung darf es keine Kompromisse mehr geben. Dann ziehen wir endgültig zusammen. Deswegen heirateten wir 2013 noch während der Fernbeziehung und kauften gemeinsam eine Wohnung in Köln, obwohl wir noch nie wirklich dauerhaft zusammengelebt hatten.

Nach den anderthalb Jahren Volontariat wollte *SKY* mich fest als Journalistin übernehmen, aber unser Plan war bereits beschlossen. Daher musste ich ablehnen und als freie Journalistin arbeiten. 2014 bin ich dann endlich offiziell nach Köln gezogen. Anschließend haben wir uns ganz bewusst wirklich ein halbes Jahr nur Zeit für uns genommen. Wir nannten die Zeit unseren Honeymoon, unternahmen schöne Reisen zusammen und genossen die Zweisamkeit. Dann kam 2016 schon unser erstes Kind, Max, und zwei Jahre später unsere Tochter Romy.

Die Arbeit als freie Sportjournalistin im Beachvolleyball fiel mir leicht. Ich wurde dafür bezahlt, über meinen Sport, meinen vorherigen Job zu sprechen. Es fühlte sich schön an, mal etwas zu tun, was nicht bedeutete, jeden Tag an meine Grenzen zu gehen. Leistungssport bedeutet gefühlt immer Leben oder Tod. Mal nicht in diesem Friss-oder-stirb-Modus zu sein, sondern darüber zu berichten, schien für den Moment genau das Richtige.

Allerdings keine Perspektive auf Dauer. Ich spürte relativ

bald, dass mich das nicht langfristig erfüllen würde. Die Arbeit fühlte sich leicht und angenehm an, aber auch einigermaßen belanglos. Das war eine gute Erkenntnis, die mich nicht traurig machte, weil ich immer das Gefühl hatte: Da kommt noch etwas anderes auf mich zu, ich weiß nur noch nicht, was. Und es kamen Dinge auf mich zu! Sogar einige. Zuerst schaute ich mich nach Perspektiven um, die mich ansprachen, und stolperte über die Heilpraktik. Der erste Teil der Ausbildung ist praktisch ein schulmedizinisches Grundstudium, nach dem sich ein breit gefächertes Feld eröffnet, das weitere Spezialisierung erlaubt – sei es Osteopathie/Physiotherapie, Akkupunktur oder eher Richtung Psyche. Ich begann eine berufsbegleitende Ausbildung zur Heilpraktikerin in Köln, die mir wirklich nahe lag und etwas mit dem zu tun hatte, was mich zeit meines Lebens beschäftigte: der Körper. Mich nun theoretisch mit diesem auseinanderzusetzen, erfüllte mich um einiges mehr als die Berichterstattung. Noch eine zweite Leidenschaft sollte auf mich zukommen, was ich zu diesem Zeitpunkt noch nicht ahnte.

Romy, unser zweites Kind, war gerade geboren und wir mussten uns der Tatsache stellen, dass die Zeit in unserer Dreizimmerwohnung ein Ablaufdatum haben würde. Perspektivisch brauchten wir mindestens ein Zimmer mehr und wollten eigentlich auch gerne einen kleinen Garten, vielleicht sogar ein Häuschen am Stadtrand. Ich startete die Suche nach etwas Geeignetem zunächst in Köln, was sich natürlich superfrustrierend gestaltete, wie ihr euch sicher vorstellen könnt. Das wenige, was ich fand, war wahnsinnig teuer und gefiel mir dabei nicht einmal. Also erweiterte ich den Online-Suchradius um Pulheim und ähnliche umliegende Orte, immer mit dem Gedanken vor Augen, dass unsere Kinder ein bisschen naturnaher aufwachsen sollten und nicht in einem Betonpark von Großstadt. Betrachtet man sich diese Vororte allerdings genauer, ist es dort weder ländlich, noch städtisch – vielmehr gleichen sie einem seltsamen Niemandsland dazwischen, was mich irgendwie überhaupt nicht interessierte.

Und dann fiel mir plötzlich in dem Bioladen, in dem wir einkauften, der Prospekt eines Maklers in die Hände. Der war, wie seine analoge Broschüre zeigte, eher etwas oldschool unterwegs und hatte auch ein eher spezielleres Angebot: alte Mühlen, Vierkanthöfe, Bauernhäuser. Allesamt ein Stück weiter draußen. Mir gefielen die Objekte wesentlich besser, und ich dachte: Okay, wir könnten vielleicht aufs Land rausziehen und dafür etwas Schöneres finden als ein Reihenhaus am Kleinstadtrand.

Michi sah das etwas anders, als wir gemeinsam den Prospekt durchblätterten. Er fand die Häuser zwar schön, kommentierte jedoch alles mit:»Ich zieh doch nicht nach Zülpich! Was willst du denn da?«

Klar, weder wusste ich, wo genau diese ganzen Ortschaften lagen, noch, wie weit draußen sie wirklich waren – und SO sicher war ich mir mit der Idee nun auch nicht.

Dann entdeckten wir allerdings eine weitere Anzeige, die sogar Michis Interesse erregte. Handelte es sich doch tatsächlich um eine ganze Gutsanlage in der Eifel, mitten im Naturschutzgebiet Rosenthal, umgeben von Wald und Heuwiesen, in absoluter Alleinlage. Auf den insgesamt sechs Hektar fanden sich verschiedene Haupt- und Nebengebäude mit insgesamt tausend Quadratmetern Wohnfläche, last but not least ein eigener See. Gut Neuwerk, eine ehemalige Eisenschmiede.

Die Vorstellung eines Guts löste auch bei Michi ganz andere Fantasien aus als ein Reihenhaus am Kölner Stadtrand. Natürlich wussten wir, dass das eine Nummer zu groß für uns und eigentlich zu weit ab von Köln war, aber anschauen wollten wir es auf jeden Fall. Was soll's, dachten wir uns, wir machen einen kleinen Ausflug nach Urft, wo immer das ist, und schauen mal. Wir vereinbarten einen Besichtigungstermin und nahmen einen Freund mit, der damals ebenfalls mit dem Gedanken spielte, aus Köln raus aufs Land zu ziehen. Das war im Herbst 2018.

Schon der Weg zum Gut hin ließ uns staunen. Als wir an der Abzweigung ankamen, die Richtung Neuwerk führt, lag die eigentliche Ortschaft einen Kilometer entfernt, von einem Wanderparkplatz führte ein Wald- und Forstweg mitten in den Wald hinein. Wir fuhren die etwa 700 Meter lange Auffahrt entlang, die Bäume zeigten schon vereinzelt eine herbstliche Färbung. Neben uns erstreckten sich Wald, Wiesen und Wanderwege, zwischen denen ein Flüsschen plätscherte. Das musste die Urft sein. Dann erreichten wir eine Toreinfahrt. Wir waren da.

Natürlich hatten wir schon Fotos gesehen, aber die waren nichts im Vergleich zu dem Anblick, der sich unseren Augen jetzt bot.

Ein beinahe parkartiges Gelände mit einem Gebäudetrakt, in dem sich hinter dem hohen Haupthaus zwei weitere kleine Häuschen und eine große Scheune aneinanderreihten. Am Ende des Geländes erstreckte sich ein großer See neben einer ebenso großen Wiese. Nach rechts fielen unsere Blicke auf weitere Wiesenflächen, auf denen Schafe grasten, durchzogen von der sanft plätschernden Urft. Ringsherum lag Wald, so weit das Auge reichte. Die Atmosphäre und die Energie des Ortes hauten uns total um. Allerdings auf unterschiedliche Weise. Michi hatte sofort den Impuls, das machen zu müssen. Ich fand das Gelände ebenfalls wunderschön, doch die Dimension erschlug mich nahezu. Nicht nur die Größe des Guts an sich, es gab darüber hinaus noch Esel, Schafe und Gänse, die dazu gehörten. Der damalige Eigentümer führte uns herum und ich sah überall nur die Arbeit, die in alldem stecken musste. Auf meine Frage, ob das nicht wahnsinnig viel Arbeit sei, antwortete er, dass sich der Aufwand in Grenzen halte, alle zwei Wochen müsse man mal Rasen mähen. Naiv, wie ich war, dachte ich erleichtert: Ja gut, das kriegen wir hin.

Im Nachhinein weiß ich es natürlich besser – es war eben auch ein Verkaufsgespräch. Michi, der ursprünglich der größere Zweifler gewesen war, hatte in Anbetracht der Möglichkeiten, die der Ort schon auf den ersten Blick bot, zwar Feuer gefangen. Doch als dann unser Freund absprang, da es für ihn nicht ganz passte, schwand unser beider Mut. Wir hatten zu großen Respekt davor, uns in ein solches Abenteuer zu stürzen, auch weil wir keine Ahnung hatten, was damit alles auf uns zukommen würde. Logisch, wir hatten keine Vorstellung von den meisten Dingen, die wir zu verantworten hätten. Außerdem war da noch der Preis. Der war zwar zum damaligen Zeitpunkt total angemessen – bevor die Stadtflucht seit der Coronapandemie richtig Fahrt aufnahm und die Preise nach oben schnellen ließ –, aber umfasste dennoch eine stattliche Summe. Ob wir diese allein würden stemmen können, wussten wir nicht. Ebenso wenig, ob eine Bank sich auf solch ein Projekt einlassen würde.

So verwarfen wir die Idee des Gutslebens schweren Herzens wieder, bis eines Nachmittags mein Telefon klingelte. Noch heute habe ich diesen Moment unglaublich klar vor Augen: Michi war arbeiten und ich hing gerade zu Hause unter dem Tisch und fegte mit dem Handfeger Krümel auf, während der Hörer mir zwischen Kinn und Schulter klemmte. Am anderen Ende meldete sich der Vater eines Kindes, das mit Max in den Kindergarten ging, mit den Worten: »Kann es sein, dass ihr vor zwei Wochen bei meinem Vater auf Gut Neuwerk wart und es euch angeschaut habt?

Könntet ihr euch vielleicht vorstellen, nur einen Teil davon zu kaufen?«

Ich legte den Handfeger beiseite und ließ die Krümel Krümel sein, denn was er sagte, änderte alles. Und wie wir uns das vorstellen konnten! Seine Eltern wollten das Gut verlassen, aber er wollte die Möglichkeit behalten, es am Wochenende und in den Ferien mit seiner Familie zu nutzen. Es brauchte also jemanden, der die Rolle seiner Eltern übernahm, dort lebte und die im Alltag anfallenden Dinge verantwortete. Mit diesem Vorschlag stand das Projekt für Michi und mich plötzlich unter völlig veränderten Vorzeichen. Es vermittelte uns Sicherheit, zu wissen, dass uns jemand einführen würde, in das, was zu tun wäre und wie das Leben auf dem Gut funktionierte.

Wir dachten noch mal neu nach und rechneten alles durch. Wir entschieden uns, die Kölner Wohnung sicherheitshalber nur unterzuvermieten, um für alle Fälle doch ein Back-up zu haben, und zwei der Wohneinheiten auf dem Gut als Ferienwohnungen zu betreiben, um den aufzunehmenden Kredit bedienen zu können. Zwar waren wir uns nicht gar so sicher, ob wirklich Menschen in der Eifel Urlaub machen würden, aber letztendlich überwogen der Mut und die Abenteuerlust gegenüber dem Zweifel. Somit machten wir uns im Dezember 2018 dieses verrückte Weihnachtsgeschenk: einen Traum, von dem wir bis vor Kurzem nicht einmal wussten, dass wir ihn hatten – ein halbes Gut. Auf gut Glück!

Dann stürzten wir uns in die Planung. Die oberen beiden Etagen des Haupthauses befanden sich in einem sehr guten Zustand und waren so gut wie bezugsfertig. Die Vorbesitzer hatten darin gewohnt und die Raumaufteilung sagte uns zu, weshalb wir keine Umbauten planten. Wir vereinbarten den ersten Mai als Einzugsdatum, was uns genügend Zeit gab, uns mental darauf einzustellen, dass der Mai tatsächlich alles neu machen würde. Nach und nach erzählten wir im Freundeskreis von unserer Entscheidung, wie es sich eben ergab. Nicht unser ganzes Umfeld teilte jedoch unsere Vorfreude: Das ist aber weit draußen! Muss es denn gleich so abgelegen sein? Und habt ihr keine Angst vor Einsamkeit?, waren einige der beliebtesten Sorgen, die man sich stellvertretend für uns gemacht hatte. Natürlich wäre es gelogen, zu behaupten, dass mich das nicht beschäftigt hätte. Michi würde seinen Job behalten und die 40 Minuten nach Köln vermutlich täglich pendeln. Wir würden mit den Kindern inmitten der Natur leben und ich würde mich nach Herzenslust als Gärtnerin austoben und unser eigenes Obst und Gemüse anbauen.

Aber: Ich würde auch viel mit den Kindern allein sein. Abgesehen natürlich von den Gästen in den beiden Ferienwohnungen und unseren Mitbesitzern, die regelmäßig am Wochenende auf dem Gut sein würden. Kurzzeitig überlegte ein befreundetes Paar aus Köln, sich uns anzuschließen – Lage und Größe hielten sie jedoch von diesem Schritt ab. Sich ganz so weit aus der Stadt herauszuwagen, konnten sie sich zu diesem Zeitpunkt nicht vorstellen.

Trotzdem stand unser Entschluss fest. Wir würden auf Gut Neuwerk ziehen, auch allein. Kommt Zeit, kommt Rat, dachten wir, und letztendlich war genau das dann der Fall.

Ende Januar 2019, ein paar Monate nach der ersten Besichtigung, kamen meine Eltern aus Bayern zu Besuch und wir zeigten ihnen das Gut, mitten im glitzernden Tiefschnee. Nicht ganz ohne Hintergedanken – mir war damals bereits mehrfach der Gedanke an ein Mehrgenerationenhaus gekommen. Ihnen die untere Etage des Haupthauses zu überlassen und uns ein gemeinsames Leben einzurichten, konnte ich mir wahnsinnig gut vorstellen. Auch Michi, mit dem ich meine Überlegungen natürlich längst geteilt hatte, fand Gefallen an der Idee.

So besichtigten wir das Gut in traumhafter Schneelandschaft und boten meinen Eltern in diesem Zuge an, doch gerne darüber nachzudenken. Lustigerweise verhielt es sich bei den beiden genau andersherum, als es bei Michi und mir der Fall gewesen war. Während meine Mutter, von Anfang an begeistert von diesem Ort, sich absolut vorstellen konnte, ihren Lebensmittelpunkt auf Gut Neuwerk zu verlagern, tat mein Vater sich mit diesem Gedanken deutlich schwerer. Verständlicherweise brauchten sie eine Weile, um sich mit der Überlegung anzufreunden, ihr gewohntes Umfeld am Ammersee zu verlassen und einen solch großen Schritt zu wagen. Aber: Irgendwann entschieden sie sich dafür, sich auf das Mehrgenerationenprojekt mit uns – und vor allem ihren Enkeln –einzulassen und zu Ende des Jahres bei uns einzuziehen.

Doch so weit sind wir noch nicht. Erst einmal rückte Saras und mein eigener Einzug endlich näher. Der große Umzug mit allem Pipapo war für Anfang Mai terminiert, aber ab Ostern waren die Vorbesitzer faktisch schon ausgezogen und wir richteten uns provisorisch mit dem Nötigsten im Haupthaus ein. Der April war ungewöhnlich kalt in diesem Jahr und wir verbrachten ein traumhaftes Osterfest bei strahlendem Wintersonnenschein, wildromantisch mit einem provisorischen Matratzenlager im Schlafzimmer und bester Stimmung.

Nachdem wir am ersten Mai den kompletten Umzug hinter uns gebracht hatten, begann es sogar noch einmal richtig zu schneien. Draußen glitzerte der Schnee auf den Bäumen und wir waren euphorisch verliebt in alles, was uns umgab und ab jetzt zu unserem Leben gehören sollte. Selbst die Fahrt zum Bäcker im Nachbarort, unsere neue Auffahrt entlang, fühlte sich so abenteuerlich wie romantisch an.

Am Morgen des vierten Mai, die Kartons waren noch nicht ausgepackt, saßen wir mit den Kindern ausgelassen beim Frühstück. Wie aus dem Nichts ertönte plötzlich ein lautes Krachen und riss uns mit Wucht aus unserer verklärten Blase. Beim Blick aus dem Fenster stellten Sara und ich fest, dass da auf einmal ein Baum lag, quer über drei Autos. Zu allem Überfluss waren es natürlich auch noch die Fahrzeuge unserer ersten Feriengäste, die unter dem Berg aus Holz und Ästen begraben waren, ebenso der Wagen unserer Mitbesitzer. Meine Gedanken rasten durcheinander. Schreck und Erleichterung gaben sich gegenseitig die Klinke in die Hand: Gott sei Dank, hat es niemanden erwischt. Nicht auszudenken, wenn ich mit den Kindern eine Viertelstunde später vom Brötchenholen zurückgekommen wäre.

Der Schock riss mir die rosarote Brille direkt von der Nase: Herzlich willkommen auf dem Land! Die Natur macht, was sie möchte, und ihr müsst damit zurechtkommen. Und zwar ab JETZT! Vielleicht liegt es daran, dass Sara und ich es vom Profisport gewohnt sind, handlungsorientiert zu reagieren. Jedenfalls mischte sich in den ersten Schreck sofort der Gedanke: Es bringt jetzt nichts, sich auf die Katastrophe zu konzentrieren, das macht nur handlungsunfähig. Fakt ist: Da liegt ein Baum auf den Autos. Der muss weg.

Wie zum Teufel sollten wir das bewerkstelligen? Ich hatte keinen blassen Schimmer. Dann geschah etwas Wunderbares: Das Dorf kam uns zum ersten Mal zu Hilfe. Vom Vorbesitzer bekamen wir eine Telefonnummer und kurze Zeit später standen drei Jungs, samt Traktor und Kettensägen, auf dem Hof, zerrten den Baum von den Autos und verarbeiteten ihn mit mir zu Kleinholz. Einfach so. Da der gefallene

Stamm Teil eines sogenannten Zwiesels war, das ist ein Baum, der seinen Stamm nicht aus einem, sondern mehreren Trieben ausbildet, sozusagen ein Zwillingsbaum, musste auch der direkt noch daran glauben. So fällte ich an diesem Vormittag ganz nebenbei mal eben meinen ersten Baum, na ja, zumindest war ich dabei. Ansonsten wäre er, destabilisiert, wie er ohne seine bessere Hälfte nun ebenfalls war, über kurz oder lang wohl auch unkontrolliert umgefallen, genau wie der andere. Schnee im Mai hat seine Tücken, wie ich jetzt weiß. Sind die Blätter an den Bäumen bereits ausgetrieben, wirkt die Schneelast um ein Vielfaches stärker.

Abends, als alles geschafft war, saßen Sara und ich zwar unglaublich dankbar, aber obendrein sehr demütig zusammen und wussten, dass das Abenteuer begonnen hatte. Der Tag war völlig anders verlaufen, als wir es uns ausgemalt hatten, und das würde wahrscheinlich ab jetzt jeder weitere. Denn dieser Baum hatte uns mit einem krachenden Fingerzeig darauf hingewiesen, dass wir jetzt außerdem Waldbesitzer waren. Und als solche so einiges zu lernen hatten.

Zwischen Baum & Borke

Der Gedanke der Selbstversorgung reift

*A*uf Gut Neuwerk sammeln sich Spuren aus über zweitausend Jahren Geschichte. Angefangen mit den Resten eines römischen Aquädukts, das Wasser über mehr als hundert Kilometer aus der Eifel bis nach Köln brachte. Teile dieser antiken Wasserleitung bilden in einem der heutigen Ferienhäuser, dem früheren Verwalterhaus, die Rückwand des Wohnzimmers. Auf dem Sofa davor sitzt man somit an derselben Stelle, an der ein Mensch vor zweitausend Jahren mauerte. Weitere Fundamentreste im Boden legen nahe, dass im Mittelalter ein Frauenkloster hier gestanden haben muss.

Über der Eingangstür des Haupthauses findet sich im Mauersturz ein Wappen mit der Jahreszahl 1646. Was es damit auf sich hat, konnten wir bisher nicht herausfinden, denn die Aufzeichnungen beginnen erst im frühen 18. Jahrhundert. Ende des 17. Jahrhunderts, nach dem Dreißigjährigen Krieg, begann der Bergbau in der Gegend um Kall zu florieren. In der Nähe der Eisenabbaustätten entstanden entlang der Urft viele Schmelzhütten: Eisen- und Hammerschmieden, die die Bodenschätze weiterverarbeiteten, darunter ab 1722 auch Gut Neuwerk. Neuwerk, weil es bereits ein nahe gelegenes Altwerk in Dalbenden gab. Gründer und Besitzer der Hütte Neuwerk war die Familie Rotscheid, die dort ihren Sitz und weitere Gebäude für Angestellte und Vieh errichtete. Der heutige Grundriss des Guts entstand vermutlich um das Jahr 1778. Auf der Wiese zwischen Gut und Urft stand die Schmelzhütte, also die Fabrik, und auf dem Gut fand das alltägliche Leben statt. Um diese Zeit muss es hier gewimmelt haben vor Menschen und Betriebsamkeit. Zumindest in unserer Vorstellung. Im Herrenhaus lebte besagte Familie Rotscheid, die das Gut betrieb. Mägde und Knechte besorgten den Haushalt und die Landwirtschaft, Stallburschen kümmerten sich um das Vieh, das seine Stallungen in der heutigen Eventscheune und dem Gästehaus hatte. Im Verwalterhaus, zwischen Herrenhaus und Stallungen, waren vermutlich die höheren Angestellten untergebracht.

Der Boom der Montanindustrie war allerdings nicht von langer Dauer. In der zweiten Hälfte des 19. Jahrhunderts begann schon wieder ihr langsamer Abstieg, als sich die Eisenvorräte um Kall und in der gesamten Region dem Ende zuneigten. Bis auf den Grundwasserspiegel hatte man sie abgebaut. Natürlich hätte man tiefer graben können, um Stollen zu bauen, aber englisches und belgisches Gusseisen war längst billiger geworden, obwohl es extra besteuert wurde, um die lokale Industrie zu retten. Der Zug war abgefahren. Für die Schmelze auf Gut Neuwerk im Jahr 1853.

Danach verlieren sich die Spuren der Familie Rotscheid und auch über den Ort selbst bis ins Jahr 1910. In einer Online-Chronik über die Region findet sich ab dann die Information, dass ein gewisser Kommerzienrat Max Charlier die Fabrikgebäude wieder instandgesetzt habe. Jedoch wurde das Innere infolge des Ersten Weltkriegs ausgeraubt, diese

Fabrikgebäude daraufhin dem Verfall überlassen und 1926 abgerissen.[1] Die Gutsanlage blieb bestehen. Allerdings muss man bedenken, dass der Waldbestand enormen Schaden genommen hatte. Der Bedarf an Holz zum Betreiben der Schmelze fraß die Wälder der Region großflächig auf. Bis 1946 befand sich das Gut im Besitz der Familie Inden, deren Sohn Ernst einst ein bekannter Eifler Kunstmaler war. Nach dem Krieg und dem Weggang der Indens ging es durch die Hände von mindestens zwei Industriellen aus dem Ruhrgebiet, die ihren Wohnsitz an diesem Ort hatten.

Dass das Gut auch in den Jahrzehnten danach nicht verfiel und sich bis heute in einem wirklich guten Zustand befindet, ist vor allem den privaten Nachbesitzern zu verdanken, die ab den Sechzigerjahren hier wirkten. Zuerst eine Familie Festing, die das Ateliergebäude um die Pferdeboxen erweiterte, weil sie mehrere Turnierpferde hielten, und 1980 von Heinrich und Ilka Scheidgen, einem Künstlerehepaar, abgelöst wurde. Der bildende Künstler ist gelernter Maurer und nahm sich gemeinsam mit seiner Frau, einer Schriftstellerin, der Erhaltung des Gutes bis 2012 an. Der vielfältige Baumbestand, der heute dem Gutsareal seinen besonderen Charme verleiht, ist den Bemühungen der beiden zu verdanken. Neben Linden, Pappeln, Rotahorn, Rotbuchen, Kastanien, Walnuss, Kiefern, Birken, Weiden, Erlen, Eschen und Schlehen finden sich zudem ungewöhnlichere Bäume wie Schein- und Sumpfzypressen, ein Trompetenbaum, ein Balsambaum und zahlreiche Thujen, auch Lebensbäume genannt. Nachdem die Scheidgens das Gut nach zwei Jahrzehnten verließen, erwarben es unsere Vorbesitzer und ver-

---

1 Vgl. Nikolaus Kley: *Geschichtsdaten zur Montanhistorie Kalls.* In: *100 Jahre Eifelverein Ortsgruppe Kall 1895 bis 1995,* zitiert nach: http://www.wisoveg. de/wisoveg/artikel/110evkall/geschichtsdaten.html

brachten dort, zumindest zeitweise, die nächsten sieben Jahre.

Und dann kamen wir. Der erste Sommer auf dem Gut verging wie im Flug. Wir richteten uns nach und nach in den beiden oberen Etagen des Haupthauses ein und begannen die ersten Pläne zu realisieren. Als weitere Einnahmequelle und mit dem festen Vorsatz, das Gut zu beleben, ließen wir das Verwalterhaus als zweite Ferienwohnung renovieren. Im Gegensatz zum Atelier, das eher ein romantisches Appartement für Paare ist und bereits ausgebaut war, sollten im Verwalterhaus auch Familien Platz finden können. Den großen Saal zwischen dem Verwalterhaus und dem Gästehaus boten wir als Location für Hochzeiten an. Seine hohen Steinwände, der offene Dachgiebel und der große Kamin, den der Künstler hineingemauert hatte, geben dem Raum eine aus der Zeit gefallene Atmosphäre, die perfekte wildromantische Kulisse für Hochzeiten auf dem Land.

Parallel dazu machte ich, Sara, meine ersten gärtnerischen Schritte, richtete die vorhandenen Blumenbeete wieder her und erntete die ersten Kräuter und ein bisschen Gemüse, das ich seit April schon in einem kleinen Hochbeet zog. Rückblickend muss ich manchmal lachen über diese ersten zaghaften Annäherungsversuche an die Natur. Ich jätete mich durch ein vorhandenes Beet und hatte keine Ahnung, worum es sich bei den einzelnen Pflanzen handelte – Erdbeeren erkannte ich, aber ansonsten wirklich wenig. Was Unkraut war und was nicht, fand ich anfangs tatsächlich mit einer Pflanzenbestimmungsapp heraus. Immerhin gibt es mittlerweile diese Möglichkeit, fast überall per Internet zu erfahren, was da zu deinen Füßen und vor deinen Augen wächst.

So zaghaft unsere gemeinsame Annäherung an die Natur war und so gering unser Vorwissen, so groß wurden trotzdem unsere Träume. Mit den Möglichkeiten, die wir hier vorfanden, wuchsen unsere Visionen. Selbstversorgung, ökologische Landwirtschaft und ein möglichst nachhaltiges Leben waren tatsächlich umsetzbar. Ein großer Permakulturgarten mit Obst und Gemüse schwebte uns anstelle der vorhandenen Beete vor. Wir planten Solarenergie zu erzeugen, über eine Fotovoltaikanlage auf dem Dach des Pumpenhauses, und vor allem die Heizsituation auf dem Gut zu ändern, die uns absurd vorkam. Warum wurden die Gebäude mit fossilen Brennstoffen – Öl, Gas und teilweise sogar Strom – beheizt, wenn wir doch mitten im Wald saßen und mit Holz heizen konnten? Einem nachwachsenden, emissionsarmen Rohstoff. Klar, eine zentrale Holzvergaserheizung einzubauen bedeutete, neue Rohre in alle Gebäude verlegen zu müssen und eine temporäre Baustelle auf dem Hof zu haben. Aber auf lange Sicht war das eine der sinnvollsten Investitionen, die man tätigen konnte – sowohl für die eigene Unabhängigkeit als auch in ökologischer Hinsicht.

Genau diese Langfristigkeit, in der wir dachten, kollidierte jedoch mit den Vorstellungen unserer Mitbesitzer.

Das zeigte sich nicht nur in größeren Projektideen, sondern ebenfalls bei kleinen Reparaturen. Auf so einem Gut muss man jeden Tag Entscheidungen in dieser Hinsicht treffen und wir merkten mit jeder neuen Diskussion, dass unser Zusammenleben komplizierter werden würde als geahnt. Wir wollten entwickeln und beleben, sie eher bewahren und am Wochenende in der Natur entspannen. Die Situation wurde immer verfahrener und begann uns zu belasten.

Sara besonders, denn ihre Eltern hatten diesen riesigen Schritt hier zu uns gewagt, ihr Zuhause verlassen und zudem war mit Michel gerade unser drittes Kind unterwegs. Wir hatten alles hinter uns gelassen, einen traumhaften Ort gefunden und fühlten uns blockiert.

Auch eine Mediation brachte keine Lösung. Es ging nicht vor und nicht zurück und langsam zeichnete sich ab, dass wir eine Wahl würden treffen müssen. Man tut sich keinen Gefallen, wenn man Konflikte schwelen lässt in einer Situation wie dieser. Wenn es zusammen nicht funktionierte, mussten entweder wir gehen oder sie. Eine Entscheidung musste her. So schwer uns dieser Gedanke fiel.

Wir hatten inzwischen ein ganz gutes Gefühl für die Aufgaben auf Gut Neuwerk entwickelt und die Ferienwohnungen waren super gebucht. Unser Selbstbewusstsein war zu diesem Zeitpunkt schon ein ganz anderes als noch vor unserem Umzug. Jetzt trauten wir uns das GANZE Gut zu, hatten Ideen für die Bewirtschaftung, wollten entwickeln und Verantwortung übernehmen. Wir wollten den Ort beleben, Menschen hierherbringen, uns zum Dorf hin öffnen, eine Gemeinschaft entstehen lassen. Alles zu belassen, wie es war, kam für uns nicht infrage. Dann würden wir eher wieder gehen. Unser Mitbesitzer merkte schließlich, dass es uns ernst war mit dieser Konsequenz, die wir ziehen würden, und bot uns den Rest des Gutes an. Auch weil er es selbst nicht allein halten wollte. Er behielt nur die große Eselwiese mitsamt der beiden Tiere. Den zweiten Teil zu kaufen, bedeutete allerdings eine finanzielle Herausforderung, die es erst einmal zu lösen galt.

Als wir bei unserer Eifler Bank den Kreditantrag stellten, entgegnete mir der Bankberater routinemäßig: »Na, Herr Niedrig, dann zeigen Sie mir mal die Bauakte.«

Tja, die gab es allerdings nicht, da das Gut schlichtweg zu alt ist und zudem nicht alles dokumentiert wurde, was in der langen Zeit umgebaut worden war. Neben der Finanzierung bildete das die zweite große Herausforderung bei der vollständigen Übernahme des Guts. Hauptsächlich aus diesem Grund kam der Bankberater persönlich zu uns aufs Gut, um sich ein Bild zu machen. Das war natürlich ein wichtiger Termin, schließlich konnte unser Plan immer noch platzen, sollte die Bank uns den Kredit verweigern. Doch dann trat er durch die Tür und sagte strahlend zu mir: »Herr Niedrig, wir machen das! Ich hab gerade ihre Frau draußen getroffen, in Gummistiefeln mit der Schubkarre, die kann anpacken. Das wird funktionieren!«

Das Tolle auf dem Land ist ja, dass du noch mehr mit den Menschen zu tun hast. Wenn du bei einem Onlinekredit sechs Hektar Grund und tausend Quadratmeter Wohnfläche eingibst, hast du keine Chance auf einen Kredit. Aber wenn du einen Menschen direkt gegenüber hast, kann er dich einschätzen und dir im Falle des Falles vertrauen. Wir hatten Glück. Der Bankberater hatte Feuer gefangen und wollte uns unterstützen. Er schlug vor, ein Wertgutachten erstellen zu lassen, um die fehlenden Pläne zu kompensieren. Das musste reichen.

Unser Glück war, dass sowohl der Bankberater als auch der Gutachter der Bank merkten, dass wir nicht die Art Leute sind, die sich ein solch komplexes Projekt ans Bein binden und dann bei den ersten Schwierigkeiten, die zweifelsfrei abzusehen waren, die Segel streichen. Sie sahen das Gesamtkonzept. Für sie waren wir keine Nummer, sondern Menschen, die eine Vision hatten und diese wirklich umsetzen wollten.

Diesen Moment, als ich schließlich neben Michi beim Notar saß, um den Kaufvertrag zu unterschreiben, werde ich nie vergessen. Die psychische Anspannung nach dieser schwierigen Zeit fiel von mir ab und gleichzeitig entschieden wir uns noch einmal neu für diesen Weg. Diesmal in voller Verantwortung. Ich dachte zurück an den Anruf, daran, wie ich unter dem Tisch hockte und gerade die Krümel auffegte. Ohne dieses Gespräch wären wir nie hier gelandet, aber ab jetzt waren wir wirklich frei darin, unsere Vision in die Tat umzusetzen und Schritt für Schritt den Weg in Richtung Selbstversorgung und zu einem möglichst nachhaltigen Leben zu gehen.

Was bedeutet das genau für uns?

Wir sagen nie, dass wir Selbstversorger sind. Sondern vielmehr: Wir sind auf dem Weg, uns selbst zu versorgen. Wohl wissend, dass dieser Weg nie enden wird. Denn was bedeutet Selbstversorgung konkret, was umfasst der Begriff? Darf ich am Ende mein T-Shirt noch kaufen? Kaffee anpflanzen wird in der Eifel nie funktionieren und Schokolade werden wir ebenso wenig selbst produzieren. Für uns geht es nicht um radikalen Verzicht, sondern darum, immer mehr Alternativen zu finden, die in unserer Macht stehen und in der Nutzung der Möglichkeiten liegen, welche die Natur vor Ort bietet. An welchen Stellen wir Unabhängigkeit erreichen können und wann? Das wird die Zeit zeigen. Wir versuchen uns Schritt für Schritt in diese Richtung zu bewegen. Fertig werden ist nicht das Ziel.

Solcherlei Erwartungen an uns als Gut und eben auch als Vermieter bestehen aber manchmal, in genau solch überzogenen Vorstellungen von Perfektion. In einer Bewertung im Internet monierten Gäste einmal, dass wir zwar mit ökologischem Urlaub werben, die Bioseife in der Ferienwohnung allerdings aus dem Plastikspender kam. Obwohl sie tagelang mit Wasser aus unserem Brunnen duschten und die Wohnung mit Holz aus unserem Wald erwärmt wurde. Der Anspruch an Perfektion wird inzwischen immer höher.

Wenn man behauptet, nachhaltig zu leben, dann liegen die Erwartungen bei hundert Prozent. Sonst wird es als inkonsequent wahrgenommen, nicht ehrlich. Aber wie soll das gehen? Wir sind nicht perfekt. Das können und wollen wir gar nicht sein und etwas anderes behaupten wir auch nicht. Stück für Stück gehen wir den Weg, der für uns sinnvoll und machbar scheint, hin zu einer ökologischen Gesamtlösung, mit einem größtmöglichen Anteil an Selbstversorgung. Er ist arbeitsintensiv und aufreibend und hat wenig mit der verklärten Vorstellung zu tun, mit der wir hier gestartet sind. Damals in unserer Großstadtbubble fanden wir es charmant, unsere Kinder in der Natur großzuziehen und ihnen zu zeigen, wie gut frisches, gesundes Gemüse schmeckt. Jetzt wissen wir, wie viel Mühe und Einsatz täglich dahinterstecken, solches auf den Tisch zu bringen.

Aber so aufreibend sich das Projekt Selbstversorgung und Landleben auch gestaltet, so wenig Entschleunigung es oft bedeutet, so viel Relevanz hat es in den letzten Jahren für uns dazugewonnen. Nach nicht mal einem Jahr auf Gut Neuwerk begann sich die Welt um uns herum zu verändern – auf eine nicht vorhersehbare, verunsichernde Weise. Zuerst durch den Ausbruch der Corona-Pandemie, von der Anfang 2020 niemand sagen konnte, welche Ausmaße sie annehmen würde. Und inwieweit die Welt, wie wir sie kennen, dadurch völlig aus den Fugen geraten würde. Was für eine Fügung und welch ein Glück war es im Nachhinein, dass wir kurz vorher hergezogen waren. Inmitten dieser ganzen Unsicherheit hatten wir nun einen Ort für unsere Kinder, für meine Eltern und für unsere Freunde, an dem wir uns gegenseitig in Sicherheit wussten und gemeinsam ausharren konnten. An dem wir mit den Kindern raus in die Natur gehen konnten und Platz zum Atmen hatten.

Dann brach dieser unvorstellbare Krieg in der Ukraine

aus und löste neben der Gefahr einer atomaren Eskalation zudem eine Energiekrise und Inflation aus. Nichts davon hatten wir geahnt, als wir uns für ein Leben auf Gut Neuwerk entschieden. Vor unseren Augen wurde diese irgendwie romantische Idee mit dem Landleben und der Selbstversorgung plötzlich harte Realität. Ereignis für Ereignis ließ uns dankbarer für den Wagemut werden, mit dem wir uns auf diesen Weg begeben hatten, für die Intuition, dass dies die richtige Entscheidung sein würde, trotz aller Zweifel. Mit aller Gewalt schien die Welt zu rufen: »Nein, gute Idee! Ihr bekommt die Bude immer warm und eure Gurke kostet keine 3,99!«, und drückte uns mit Wucht in eine neue Realität, in der alle unsere Entscheidungen mit einem Schlag zur wirklichen Alternative wurden. Was uns zu Beginn wie der unsichere Weg vorkam, gibt uns jetzt die Sicherheit, dass wir das System für die Familie und unsere Lieben besser aufrechterhalten können als in unserem früheren Alltag. Diese Motivation, weiter in die Richtung zu gehen, weiter zu wachsen und zu lernen, ist enorm – und hilft darüber hinweg, dass die Ernte auch mal schlecht ausfällt und wir eigentlich gerne mal wieder in den Urlaub fahren würden, anstatt Holz zu hacken.

Trotz all der Dankbarkeit für die Möglichkeiten, die wir haben, ist uns schmerzlich bewusst: Wir können uns hier kein kleines Utopia aufbauen und sagen: Alles ist gut, wir haben ja unsere Blase! Auch unsere Blase platzt, wenn es keine Bienen mehr gibt. Zumindest bleiben wir innerhalb dieser handlungsfähig und versuchen das wenige beizutragen, das in unserer Macht steht, unsere Welt ein Stück naturnäher und selbstwirksamer zu gestalten. Dieses Gefühl lässt einen die ganzen Katastrophen und diese verrückte Zeit, in der wir gerade leben, ein bisschen besser ertragen. Ob das am Ende irgendetwas nutzt, weiß der Fuchs oder das

Universum, aber zumindest holt es uns ein bisschen aus dem lähmenden Gefühl der Ohnmacht heraus. Sei es, weil es immer etwas zu tun gibt oder einfach ob der Gewissheit, dass weder Wasser noch Wärme für uns so einfach zur Mangelware werden. Denn das Gut bietet nahezu perfekte Voraussetzungen dafür, sich perspektivisch, zumindest in Teilen, von vielerlei Dingen unabhängig zu machen oder anders gesagt: Es ermöglicht den Weg zur Selbstversorgung, den wir Schritt für Schritt gehen. Das liegt natürlich in der Natur der Sache, denn ein Gut mitten im Wald ist darauf ausgelegt, weitgehend unabhängig zu funktionieren. Deswegen besteht auf dem Gelände eine gute Infrastruktur, die teilweise noch in Betrieb ist und die wir sukzessive wiederbeleben. Doch dazu später mehr. Grundsätzlich basiert unser System zur Selbstversorgung auf fünf Säulen:

- dem Anbau von eigenem Obst und Gemüse,
- ein wenig Nutztierhaltung,
- einem unabhängigen Wassersystem,
- der schrittweisen Erzeugung von grünem Strom,
- der Wärmeerzeugung durch eigenes Holz.

Da diese Säulen gewissermaßen die Grundlage bilden, haben wir uns dazu entschieden, die nachfolgenden Kapitel an diesen zu orientieren, um euch Einblick in unser Leben auf Gut Neuwerk zu geben. Den Auftakt dabei bildete, sowohl in unseren Gedankenspielen als auch in der Umsetzung, Saras Garten, weswegen sie euch direkt auf einen Ausflug in unser Pflanzenparadies mitnimmt.

Alles im grünen Bereich

Permakultur und Leben mit den Jahreszeiten

Als ich vor ein paar Jahren plötzlich den Wunsch verspürte, zwei, drei Hochbeete auf eine ungenutzte Kiesfläche hinter unserer Kölner Wohnung zu stellen, wurde er im Keim erstickt. Meine neu entdeckte Lust am Gärtnern scheiterte an der Furcht einiger Hausbewohner davor, »dat dat hier ja noch eine Papajeiensiedlung wird«. Durch zwei, drei Hochbeete wohlgemerkt. Damals hätte ich nicht zu träumen gewagt, dass sich bald ein Garten von zweitausend Quadratmetern Größe vor meinen Augen erstrecken würde, in dem ich heute fast jeden Tag Zeit verbringe. Und sei es nur, um schnell was fürs Essen zu holen, oder die Schafe und Hühner zu füttern. Im Grunde bin ich also schon nah an einer Papageiensiedlung dran. Doch bis dahin war ein ganzes Stück Weg zu gehen. Äußerlich und innerlich.

Mir machte es zwar als Kind schon Spaß, mit meinem Opa in seinen Gemüsegarten zu gehen und etwas Essbares aus der Erde zu holen, wenn wir ihn besuchten. Aber danach kam Gartenarbeit in meinem Leben überhaupt nicht mehr vor. Genauso wie der Kontakt zu den Jahreszeiten. Lange Zeit bestand mein Leben daraus, dem Sommer hinterherzureisen. Klar, wenn man einen Sport betreibt, der am Strand geboren wurde. Doch auch nachdem ich meine aktive Karriere beendet hatte, tastete ich mich nur langsam an so etwas wie Gartenarbeit heran. Gutes, gesundes Gemüse war mir schon immer wichtig, aber über den Einkauf im Bioladen und die wenigen Male, die ich es schaffte, in einer solidarischen Landwirtschaftsgemeinschaft aktiv mitzuhelfen, ging mein Kontakt dazu nicht hinaus. Und dann lag da diese karge Kiesfläche in Köln vor mir, die mich auf den Geschmack brachte: Mensch, dachte ich, da könnte ich doch Hochbeete hinstellen und ein bisschen was anpflanzen. Daraus wurde zwar nichts, wie wir wissen, aber ich begann mich in dem Zuge zum ersten Mal mit ökologischer Landwirtschaft zu beschäftigen, recherchierte ein bisschen herum, las ein paar Bücher und stolperte dabei recht schnell über das Konzept der Permakultur. Das faszinierte mich sofort. Ich begann Literatur dazu zu verschlingen und alles, was ich las, ergab nicht nur Sinn, sondern begeisterte mich.

Warum? Weil die Permakultur nicht nur eine Anbaumethode, sondern ebenso eine Betrachtung der Zusammenhänge ist: der Natur in ihrem Zusammenwirken mit den Menschen und dem menschlichen Miteinander selbst. Zusammenhänge verstehen zu wollen ist etwas, was mich antreibt. In meiner Ausbildung zur Heilpraktikerin spezialisiere ich mich deswegen seit drei Jahren auf die Bioenergetische Analyse. Das ist eine Form der Körperpsychotherapie. Sie betrachtet das Zusammenspiel von Körper und Geist in der Behandlung sowohl physischer als auch psychischer Beschwerden. Schon als Profisportlerin habe ich – bei mir selbst und anderen – oft erlebt, wie offensichtlich der Körper mit dem Kopf zusammenhängt und umgekehrt. Aber die medizinische Praxis, zumindest die westliche, besteht in der Regel daraus, beides zu trennen. Es gibt Leute, die entweder den Kopf behandeln oder den Körper.

Zurück zur Permakultur! Bill Mollison, der Begründer dieser Lehre, fasst sie so zusammen:

»Die Philosophie hinter der Permakultur will mit und nicht gegen die Natur arbeiten, sie ist eine Philosophie der fortlaufenden und überlegten Beobachtung und nicht des fortlaufenden und gedankenlosen Handelns; sie betrachtet Systeme in all ihren Funktionen, anstatt nur eine Art von Ertrag von ihnen zu verlangen.«[2]

Kurz gesagt ist Permakultur also eine Bewegung, die im Garten losging und sich dann in den politischen und sozialen Bereich weiterentwickelte als eine Lebensmaxime, die drei Grundsätzen folgt: Sorge für die Erde, sorge für die Menschen, begrenze Wachstum und Konsum und teile Überschüsse. Das ursprüngliche Konzept der Permakultur entstand, wie viele andere revolutionäre Gedanken, in den Siebzigern. Nicht zuletzt aus Gründen des Umweltschutzes. Weil die konventionelle Landwirtschaft mit ihrer Monokultur die Böden immer weiter auslaugte, die Artenvielfalt minimierte und auch sonst alles andere als nachhaltig war, forschten die beiden Australier Bill Mollison und David Holmgren nach Alternativen für eine Landwirtschaft der Zukunft. Aus ihrer weltweiten Recherche, wie naturverbundene Gesellschaften Landnutzung betreiben, die im Einklang mit der Natur funktioniert und möglichst ressourcenschonend ist, entstand das Modell der »permanent agriculture«.

Ganz grob gefasst, ist es eine Kreislaufwirtschaft, die einmal angelegt wird und sich, mit geringen Pflegemaßnahmen,

2 Bill Mollison: *Handbuch der Permakultur-Gestaltung*. Stainz: Therapiegarten 2012.

selbst erhält, weil die Pflanzen mehrjährig sind oder selbst wieder aussäen. Was an sich schon super ist, aber on top kommt, dass dieser Kreislauf kaum Bewässerung und keine synthetischen oder chemischen Düngemittel braucht.

Die ursprünglichste Form der Permakultur wäre der Waldgarten. Er ist dem natürlichen Ökosystem des Waldes nachempfunden, von den niedrigen Bodendeckern, über Kräuter, Sträucher bis hin zu den hohen Bäumen. Niemand würde auf die Idee kommen, im Wald zu gießen oder die Walderdbeeren zu düngen. Auf den Garten übertragen bedeutet das: Man nimmt die Natur zu Hilfe und muss nicht permanent ins System eingreifen. Die Natur zu Hilfe nehmen! Das überzeugte mich schon, bevor ich wusste, dass mir mit einer Großfamilie und der Bewirtschaftung eines Guts inklusive Ferienhäuser keine Zeit bleiben würde, unzählige Pflanzen einzeln mit Rapsöl einzusprühen gegen Blattläuse. Das System muss bestenfalls so vielfältig und artenreich sein, dass Marienkäfer diese Arbeit übernehmen.

Deswegen beginnt jeder Permakulturgarten mit einer intensiven Analyse des Ortes, an dem man ihn anlegen möchte. Ein Jahr lang, durch alle vier Jahreszeiten hindurch, beobachtet man die Natur und macht sich Notizen. Was wächst bereits und was sagt das über den Boden aus? Wann steht die Sonne wo? Woher kommt der Wind? Wo steht das Wasser im Winter, wo bilden sich Senken bei Regen? Das ist auch wirklich sinnvoll, aber ich wollte sofort loslegen und mich möglichst schnell in den Anbau stürzen. Obwohl ich als Gärtnerin absolute Amateurin war, war meine Freude darüber, jetzt endlich den Ort und die Möglichkeiten zu haben, so groß, dass meine Ungeduld ins Unermessliche stieg. Zumal zeitgleich ein kleiner Mensch begann in mir zu wachsen. Im Oktober 2019, ein halbes Jahr nach unserem Einzug, hatte ich bemerkt, dass ich schwanger war und wir ein drittes Kind erwarteten. Gerade jetzt, wo so viel Arbeit vor uns lag, der Einzug meiner Eltern bevorstand und sich unser Leben quasi täglich änderte.

Also sagte ich zu Michi:»Komm, wir suchen uns Unterstützung und lassen uns mit dem Garten helfen.« Ich suchte online nach einem Permakulturdesigner und fand mit Jonas Gampe und seinem Team von Kreislauf-Gärten die perfekte Hilfe. Jonas, der mittlerweile selbst zwei Bücher über Permakultur geschrieben hat, kam zu uns, studierte die Bedingungen vor Ort, machte sich Notizen, fragte nach unseren Zielen und erstellte schließlich mit seinem Team einen wunderschönen Entwurf meines Gartens, Er zeigte den Garten, wie er in ein paar Jahren in voller Blüte aussehen könnte. Bei dessen Anblick empfand ich einen unglaublichen Motivationsschub. Der Traum vom eigenen Obst- und Gemüseanbau lag da ausgebreitet und wunderschön illustriert vor mir, wie ein Stück greifbare Zukunft. Ich konnte es ab diesem Moment kaum abwarten, allerdings wurde meine Geduld noch einmal auf die Probe gestellt. Meine langjährige Freundin Judith, die selbst vor ein paar Jahren in die Eifel gezogen war, gab mir den Tipp, einen Förderantrag für Pflanzgut beim Landschaftsverband Rheinland (LVR) zu stellen. Der LVR vergibt verschiedene Fördermittel, auch an Einzelpersonen und unter anderem für Pflanzkultur. Das Ziel ist, die kulturelle Landschaft der Region zu fördern, in Form von Laub- und Obstbäumen sowie Sträuchern, die für die hiesige Natur vorgesehen sind und einen ökologischen Wert haben.

Das ist jetzt ein sehr konkreter Tipp: Wenn ihr plant, einen Garten anzulegen, werdet ihr feststellen, dass sich die Kosten schnell auftürmen. Also recherchiert unbedingt nach Landschaftsverbänden in eurer Region und schaut, ob ihr passende Pflanzgutförderprogramme findet.

Ich stellte mithilfe des fertigen Gartenplans einen Antrag für die etwa zwanzig Hochstämme, die ich für den äußersten

Ring meines Permakulturgartens brauchte. Der Antrag wurde bewilligt und stellte einen weiteren Bescheid in Aussicht, wann die Bäume wo abgeholt werden konnten. Der wollte allerdings partout nicht eintrudeln. Ich konnte der Permakulturfirma somit nicht einmal konkret sagen, wann es losgehen würde. Erst im Dezember kam die sehnlich erwartete Benachrichtigung, etwa eine Woche bevor wir die Bäume im Freilichtmuseum Kommern würden abholen können. Ich informierte Kreislauf-Gärten, die tatsächlich ein Zeitfenster frei hatten, und bekam postwendend von Jonas den Auftrag, einen kleinen Bagger zu mieten, mit dem wir die Grundanlage der Beete errichten konnten.

Ich musste in meinem Leben noch keinen Bagger mieten und hatte keine Ahnung, wie das läuft. Unsicher meldete ich mich bei einem Baugeräteverleih in der Gegend und fragte nach dem Baggertyp, den mir Jonas genannt hatte. Worauf mich der Mitarbeiter direkt fragte: »Mit 'nem Grabelöffel oder einem Dingsbumslöffel?« Und ich dachte: Na super, Sara. Schon die erste Frage kannst du nicht beantworten und da wird noch einiges mehr auf dich zukommen. Na ja, nutzte ja nichts. Ich musste also wieder auflegen, noch mal bei Jonas nachfragen und erneut beim Geräteverleih anrufen.

Wenn ich heute zurückschaue, waren diese Dezembertage 2019 eine Zeit, in der alles Schlag auf Schlag ging. Am 15. begann der Umzug meiner Eltern auf Gut Neuwerk, zwei Tage später standen Jonas, Svenja und Josef von den Kreislauf-Gärten hier und wir legten in einer dreitägigen Hauruckaktion den Garten an, machten die kreisförmige Gartenanlage plan, pflanzten die Bäume und Sträucher ein und mulchten, was das Zeug hält. Es waren außergewöhnlich warme Wintertage damals, mit strahlendem Sonnenschein und siebzehn, achtzehn Grad, in denen mir dieses großartige Team half, meine Vision zu verwirklichen. Ich selbst hätte wahrscheinlich Jahre gebraucht, um allein so weit zu kommen. Was mit der Permakultur natürlich prima zu vereinbaren gewesen wäre, mit meinem Geduldsfaden damals aber leider nicht. Mit den dreien, ihrem Wissen, ihrer Erfahrung und vor allem ihrer Leidenschaft für nachhaltige Bewirtschaftung, klappte es tatsächlich in drei Tagen. Was außerdem ein großartiger nachhaltiger Ansatz ist: Kreislauf-Gärten arbeitet nach einem solidarischen Prinzip. Damit der Wille zur Veränderung bei niemandem am Geldbeutel scheitern muss, überlassen sie ihren Kunden die Festlegung ihres Stundensatzes innerhalb eines Rahmens. »Begrenze Wachstum und teile Überschüsse« ist bei ihnen keine hohle Floskel, sondern reale Praxis.

Als die drei wieder fuhren und der Garten in seiner vollen Grundanlage schließlich vor mir lag, war ich unglaublich froh, endlich die Möglichkeiten zu haben nach dem missglückten Startanlauf in Köln. Und hier wurde ich für diesen Wunsch sogar noch belohnt und bekam die Bäume und Sträucher gefördert! Aber ein Teil von mir realisierte darüber hinaus: Puh, das ist jetzt echt ein richtig großer Garten! Mal schauen, wie ich das hinkriege. Schließlich war ich zu dieser Zeit im dritten Monat schwanger und hatte das Gegenteil von dem getan, was man eigentlich sollte. Statt zu entschleunigen und runterzufahren, war ich richtig aufs Gas getreten. Mein erster Garten umfasste keine kleine Parzelle hinter einem Reihenhaus am Stadtrand, sondern 2000 Quadratmeter. Ich hatte viel gelesen und recherchiert über Gartenarbeit, übrigens auch, dass man klein anfangen sollte. Das ist ein sehr weiser Tipp, möchte ich an dieser Stelle betonen. Aber weise war ich eben so gar nicht, weil es mir in den Fingern kribbelte. Im Grunde war ich eine blutige Anfängerin, die gerade anfing, Beikräuter von anderen Gewächsen unterscheiden zu können.

Aber lasst uns endlich in den Garten gehen, bevor ich auch eure Geduld überstrapaziere! Dann kann ich euch erklären, was mich an Permakultur so begeistert, was man so alles anpflanzen und womit man sich versorgen kann.

Unser Permakulturgarten ist in halbkreisförmigen Ringen aufgebaut und nach Süden ausgerichtet, um möglichst viel Sonne zu bekommen. Ganz außen befindet sich der vertikal höchste Ring: Ein Halbkreis aus hochstämmigen Obstbäumen, die in sieben bis zehn Jahren teilweise zehn Meter Höhe erreichen werden. Davor sind niedrige, halbstämmige Obstbäume, die schon früher Früchte tragen, dafür aber nicht so alt werden. Konkret wachsen hier Esskastanien, Walnussbäume und Haselnusssträucher, Birnen, Äpfel, Zwetschgen, Mirabellen, Kirschen und Quitten. Wenn die Bäume irgendwann mal groß und mächtig sind, bilden sie mit den kleineren Bäumen und Beerensträuchern im Ring davor eine Art halbrunde Wand, die Wärme und Licht auf die Beete davor reflektiert und dort hält. Deshalb nennt man eine solche Anlage auch Sonnenfalle. Außerdem schützen sie den Garten vor Wind und kaltem Bodennebel im Winter. Die Bäume bringen also nicht nur Obstertrag, sondern schaffen zusätzlich ein günstiges Mikroklima für die anderen Pflanzen.

Mit der richtigen Anlage lässt sich dadurch sogar ein Klima herstellen, das es erlaubt, Pflanzen anzubauen, die in einer Gegend aufgrund der ursprünglichen klimatischen Bedingungen eigentlich gar nicht wachsen würden. Sepp Holzer, der deutsche Permakulturpapst, hat es so geschafft, auf 1500 Metern Höhe in Österreich Zitronen anzubauen, weil er durch geschickte Baum- und Strauchanpflanzungen ein perfektes Mikroklima geschaffen hat.

Zwischen den kleineren Obstbäumen, im zweiten Ring, befindet sich der Staudengürtel aus Beerensträuchern, anderen mehrjährigen Stauden und Kräutern. Ich habe Blaubeeren, Johannisbeeren und Stachelbeeren, Himbeeren, Brombeeren, Maulbeeren und Cranberries und dazwischen haufenweise Kräuter und Ringelblumen als Bodendecker und Schutzpflanzen. Ringelblumen sind meine Lieblingsblumen. Abgesehen davon, dass sie diese wunderbar satte gelbe oder orange Farbe haben, sind sie echte Alleskönner: Sie säen sich selbst wieder aus, gesunden den Boden auf vielfältige Weise, vertreiben schädliche Fadenwürmer und andere Plagegeister, locken Insekten als Bestäuber an und man kann Salben und Öle gegen alle möglichen Wehwehchen daraus herstellen. Es ist doch unglaublich interessant, dass Heilpflanzen für den Garten eine vergleichbare medizinische Wirkung haben wie für uns!

Nach den ersten beiden Reihen kommen wir ins eigentliche Beet, das aus den innen liegenden Ringen besteht.

Zuerst findet sich Grüner Spargel. Für diesen haben wir einen fünfzig Zentimeter tiefen Graben ausgehoben, der mit Schafsmist gefüllt und mit Erde bedeckt ist, damit die Pflanzen langfristig Futter erhalten. Spargel ist sehr hungrig und eine klassische Permakulturpflanze, die überwintert und lange steht. Man erntet ihn zwei, drei Jahre überhaupt nicht, damit die Stauden kräftig genug werden, um den Schnitt zu verkraften. Das ist am Anfang ziemlich aufwendig und einmal mehr eine Geduldsprobe, aber dafür kann man anschließend bis zu fünfzehn Jahre lang ernten, ohne viel Aufwand zu betreiben. Zwischen den Spargel haben wir Erdbeeren gepflanzt, denn die beiden wachsen hervorragend zusammen. Darauf, was das bedeutet und warum das wichtig ist, komme ich später zurück.

Dann habe ich Baumspinat, der auch mehrjährig ist und nicht immer neu ausgesät werden muss. Den kann man gut einkochen für den Winter und ich finde ihn fast leckerer als normalen Spinat. Eine hübsche Pflanze mit kleinen weißen Blüten ist es außerdem. Daneben kommen Maulbeeren und Himbeeren, Artischocken und Rhabarber. Dazwischen sitzen Lavendel und Thymian, denn ätherische Pflanzen halten verschiedene Schädlinge ab und locken Bienen als Befruchter für die Obstbäume an.

Was erst mal wie ein Durcheinander wirkt, imitiert dennoch das Prinzip der Vielfalt und der symbiotischen Verbindungen der Natur. Wenn Pflanzen nicht in Monokultur, separiert voneinander, sondern im Verbund mit anderen stehen, die zu ihnen passen, in sogenannten Pflanzfreundschaften, sind sie am widerstandsfähigsten und begünstigen sich gegenseitig. Vielfalt bedeutet in der Permakultur immer Gesundheit, denn gegen jeden Schädling, der eine Pflanze bedroht, ist wiederum ein anderes Kraut gewachsen. Borretsch, beispielsweise, ist nicht nur ein Bienenmagnet, sondern auch darüber hinaus eine wunderbare Pflanze. Man kann die Blätter dieses Würz- und Heilkrauts essen, sie schmecken ähnlich wie Gurken und werden deswegen Gurkenkraut genannt. Ich mache gerne Smoothies daraus, da die Blätter ziemlich haarig sind. Vor allem aber enthält Borretsch ein natürliches Pflanzenschutzmittel, einen Stoff, der Schädlinge magisch anzieht. Wenn sie ihn fressen, sterben sie und fallen dem Borretsch als organisches Düngematerial vor die Füße. Borretsch ist quasi ein Selbstversorger und hält nebenbei Schädlinge von Nachbarpflanzen fern. Ich habe deshalb einige von diesen Leibwächtern in meinem Garten, die sich allerdings stark ausbreiten. Ich lasse sie trotzdem blühen, obwohl mit der Blüte die Samen entstehen und mit den Samen die nächste Generation, weil sie so hübsch sind und viele Insekten anlocken. Dafür mache ich mir im nächsten Jahr die Mühe, die überschüssigen Pflanzen alle einzeln rauszuziehen und den Hühnern zu schenken. Ähnlich ist es mit den Topinamburpflanzen, die im Sommer wie Sonnenblumen aussehen und im Winter Kartoffeln ausbilden. Sie neigen zum Wuchern, weshalb man sie am besten in eine Ecke des Gartens setzt oder direkt in einen großen Kübel. Als Nächstes folgt in meinem Garten eine uralte Mischkultur, die schon die Azteken kannten und an der sich das Prinzip der Pflanzfreundschaften gut erklären lässt: Kürbis, Mais und Bohnen. Der Kürbis bedeckt den Boden und hält den Kohlenstoff als Dünger darin. Die Bohnen bringen zusätzlich Stickstoff ein, düngen dadurch schon beim Wachsen den Kürbis und den Mais, die beide Starkzehrer sind und viel Nährstoffzufuhr benötigen. Den Mais wiederum kann die Bohne als Rankhilfe nutzen.

Neben solch guten, symbiotischen Freundschaften gibt es allerdings auch unpassende Partnerschaften unter Pflanzen: Rote Beete, Mangold und Spinat sollte man zum Beispiel nie zusammensetzen. Sie gehören zur gleichen Pflanzenfamilie und stehen eher in Konkurrenz um die Nährstoffe als in Freundschaft miteinander. Kartoffeln und Tomaten sind beide anfällig für Braunfäule und sollten deshalb möglichst großen Abstand zueinander bekommen. Besser wachsen sie zusammen mit Kohlrabi und Tagetes zur Abwehr von Fadenwürmern.

Bei den Kartoffeln halten wir uns mal ein bisschen auf, weil ich euch an dieser Stelle gut verdeutlichen kann, warum mich das Prinzip der Permakultur so fasziniert. Es geht dabei nämlich darum, genau hinzuschauen und Lösungen zu finden, die langfristig und logisch sind.

Zu Beginn hatte ich eine super Kartoffelernte, aber im dritten Jahr tauchten plötzlich enorm viele Schnecken auf, denen die Kartoffelpflanzen fast gänzlich zum Opfer fielen. Und wenn ich viele sage, meine ich eigentlich Massen. Schneckenkorn, ein Mittel gegen Ungeziefer, zu nehmen, wäre das Äquivalent zur Kopfschmerztablette beim Menschen. Die Tablette mag kurzfristig funktionieren, bietet aber keine Dauerlösung. Sollte sie zur Dauerlösung werden, wird sich die Ursache andere, womöglich drastischere Symptome überlegen, um auf ein Ungleichgewicht hinzuweisen.

Stattdessen ging ich jeden Abend in der Dämmerung in den Garten, sammelte eimerweise Nacktschnecken ab und warf sie über die Urft in den Wald. Trotzdem fehlten jeden Morgen zahlreiche, liebevoll angezogene Jungpflanzen. Wo kamen die Schnecken auf einmal alle her? Welche Bedingungen, neben Regen, begünstigen die Nacktschneckenvermehrung? Spätestens als mein jüngster Sohn sich bei der Eingewöhnung im Kindergarten dann auch noch die Spanische Wegschnecke als Garderobenhakentier aussuchte, dachte ich, es ist scheinbar an der Zeit, Frieden mit diesen Biestern zu schließen.

Ich befasste mich eingehender mit der Schnecke und an der Stelle war das Internet wirklich Gold wert und präsentierte sich auch als eine Art Permakultur: Es gibt so viele Leute, die intelligente Lösungen für zahlreiche unserer Probleme wussten und sie vor allem öffentlich zugänglich machten, um sich gegenseitig zu helfen.

Auf diesem Weg fand ich ein Interview mit Margarete Langerhorst, einer Pionierin der Mischkultur mit jahrzehntelanger Erfahrung – inklusive Schneckenfrust. Und damit eine Lösung für mein Problem. Ein Übermaß an Schnecken kann drei Dinge bedeuten: Fäulnisbakterien im Boden, Humusmangel oder ein Mangel an Mineralstoffen im Boden. Die Natur versucht dieses Ungleichgewicht auszugleichen und schickt dem Gärtner die Schnecken zu Hilfe. Denn sie fressen mit Vorliebe geschwächte Pflanzen und wenn ihre eigenen Körper im Herbst absterben, zerfallen sie zum benötigten Humus und geben die fehlenden Mineralien an den Boden frei. Ist das nicht genial? Anstatt der Natur für diese Hilfe dankbar zu sein, bekämpfen wir die Symptome mit Schneckenkorn oder tragen sie unermüdlich in den Wald und bringen so das System noch weiter ins Ungleichgewicht. So pathetisch das klingt: Wenn du dieses Wunderwerk der Natur einmal begreifst, stellen sich automatisch Demut und Dankbarkeit ein und du kannst tatsächlich Frieden schließen mit deiner Freundin, der Schnecke. Und danach deinen Boden mit dem versorgen, was ihm fehlt. Dann ziehen die Schnecken weiter an eine andere Stelle, wo sie gebraucht werden.

Wie langfristig die Permakultur das große Ganze in den Blick nimmt, kann man an diesem Beispiel gut nachvollziehen. Allerdings ist es trotzdem nicht verboten, auch einjähriges Gemüse anzubauen, das man gerne isst und auf das man nicht verzichten möchte, wie Tomaten. Ich habe nicht nur mehrjährige Pflanzen in meinem Garten und teilweise eine klassische Beetstruktur. Sich nicht zu strikt an Regeln zu halten und auszuprobieren, was im eigenen Garten funktioniert, ist genauso wichtig. Jeder Garten ist anders und jeder Gärtner, jede Gärtnerin auch.

Ähnlich verhält es sich beim Umgang mit den ganzen Dos and Dont's. Laut biologischer Landwirtschaft soll man verschiedene Kohlarten nicht zusammen in ein Beet setzen und nach der Ernte fünf Jahre an dieser Stelle keinen Kohl mehr anbauen. Aber das sind Sachen, die liest man und denkt: Wie soll das denn bitte gehen? Wie viel Platz für Felder benötige ich denn dann, wenn ich erstens jede Kohlsorte einzeln setzen und zweitens die Felder jährlich wechseln muss? Und nicht nur Blumenkohl ernten will? Deswegen habe ich entschieden, den ganzen Kohl trotzdem auf ein Feld zu setzen, mit verschiedenen Pflanzen dazwischen, die ihn begünstigen: Ringelblumen, Salate, Sellerie. Danach halte ich auf diesem einen großen Beet fünf Jahre Pause ein. Sonst wird allein der Kohlanbau zu einem Puzzle, das nicht aufgeht in meinem Garten.

Manchmal brauche ich die Gelassenheit, mich nicht zu streng an die Regeln zu halten, ein bisschen zu riskieren, ein bisschen zu experimentieren. Deswegen habe ich auch eine winterharte Banane und zwei Pawpawbäume gepflanzt, deren Früchte wie eine Mischung aus Ananas, Banane und Mango schmecken sollen. Die habe ich irgendwann entdeckt und bekam Lust, es auszuprobieren.

Ich bin niemand, dem es wichtig ist, konsequent nur heimische Sachen anzubauen, denn dann kommt man bei Haselnuss schon ans Ende. Ich gehe eigentlich grundsätzlich davon aus, dass Vielfalt immer am besten ist, auch im Garten. Und wer weiß, wenn sich der Klimawandel so weiterentwickelt, wie es gerade aussieht, dann benötigen wir auf jeden Fall zudem Pflanzen, die anderen klimatischen Bedingungen standhalten. Und Anbaumethoden, die zum Beispiel in Zeiten von Wasserknappheit funktionieren.

Deswegen probiere ich Hügelbeete aus, die wir bei einem größeren gemeinsamen Arbeitseinsatz angelegt haben. Das sind im Prinzip Hochbeete ohne Rand. Die unterste Schicht besteht aus gröberen Holzresten aus dem Wald, darüber und dazwischen gestopft befindet sich eine Mischung aus Hühnermist, Kompost und Laub. Darüber wird wieder Erde gelegt und obenauf Heu. Das Holz speichert die Feuchtigkeit von unten, der Mulch von oben und Hühnermist sowie Kompost dienen als Langzeitdünger. Dadurch kann ich ein paar Jahre darauf pflanzen ohne zu düngen und zu bewässern – erst stark zehrende Pflanzen, weil am Anfang noch viele Nährstoffe zur Verfügung stehen, dann zwei Jahre Mittelzehrer und anschließend zwei Jahre Schwachzehrer. Danach ist das Beet wieder platt. Wenn man also alle zwei

Jahre ein weiteres Hügelbeet anlegt, kann man mit den Pflanzen rotieren. Ohne Dünger und zusätzliche Bewässerung. Auf das Thema Mulch möchte ich kurz näher eingehen, denn er bildet eine wichtige Säule der Permakultur. Prinzipiell ist der ganze Boden im Permakulturgarten mit Mulch bedeckt. Ich nehme hauptsächlich Heu, Kompost, Laub und Mist. Alles, was im Kreislauf ist, wird verwendet und bleibt darin. Heu aus Gras, Kompost aus Küchenabfällen und Gartenresten, Mist von den Hühnern, selbst Schafwolle kann man verwenden, denn diese ist ein super Dünger und darüber hinaus antibakteriell und antifungizid. Durch diese Bodenbedeckung entsteht viel weniger Unkrautdruck und die Feuchtigkeit hält sich besser im Boden.

Selbst in diesem wahnsinnig trockenen Sommer 2020, als es wochenlang überhaupt nicht regnete, war es unter der Mulchdecke immer noch feucht. Nicht zuletzt bietet der Mulch das Futter für das System der Mikroorganismen im Boden und Regenwürmer, die die Erde lockern und düngen. So wie es eben auch im Wald funktioniert. Genau aus diesem Grund verzichtet man in der Permakultur auf Umgraben. Dadurch stört man das wohlgeordnete Gefüge der Mikroorganismen im Boden massiv. Denn das unterirdische Netz aus Pilzen, Mikroorganismen und Bodenleben ist in perfekter Symbiose mit den und für die Pflanzen komponiert und sollte nicht durcheinandergebracht werden. Das habe ich relativ eindrücklich begriffen nach der Jahrhundertflut, die im Sommer 2021 meinen Garten komplett zerstörte. Im Vorjahr, meinem ersten Gartenjahr, blühte und wuchs alles wie irre. Meine Ernte fiel prächtig aus. Alles funktionierte. Ich hatte tatsächlich alles im Griff – bis auf die Tomaten, aber dazu später mehr.

Ganz klassisch war das erste Jahr da, um auf den Geschmack zu kommen, und ich war im darauffolgenden Jahr mega motiviert. Alles war gesät, gepflanzt und vorbereitet.

Nur das Wetter wollte nicht so recht. Es regnete. Wochenlang. Und dann, im Juli, als normalerweise die große Erntezeit anstand, kam die Flut. Innerhalb eines Tages war plötzlich der ganze Garten weg. Die Urft hatte sich von dem beschaulich plätschernden Flüsschen in einen reißenden Strom verwandelt und alles mit sich gerissen, was wir liebevoll aufgebaut hatten. Im gesamten Garten stand das Schwemmwasser der Urft und hatte teilweise metertiefe Löcher in den Garten gerissen. Davon, wie viel Glück wir trotzdem in dieser Katastrophe und im Vergleich zu so vielen anderen hatten, die ihren ganzen Hausstand oder gar ihr Leben verloren, kommen wir später ausführlich zu sprechen.

Alles wieder im grünen Bereich

Nach der Flut brauchte ich mehr als ein halbes Jahr, um den Garten wiederaufzubauen. Sehr viele helfende Hände füllten die Löcher mit mir, machten die Erde wieder plan, pflanzten entwurzelte Bäume wieder ein und brachten die Mulchdecke wieder aus. Aber im darauffolgenden Frühjahr wollte einfach nichts so richtig wachsen. Außer Kohl, Mangold, Spinat und Roter Bete. Alles andere wuchs wie in Zeitlupe. Das Wetter war gut, es war warm, die Erde machte nach der Flut für mein Gefühl einen überraschend guten Eindruck. Und der Kohl wuchs. Kohl ist ein Starkzehrer, an den Nährstoffen konnte es demnach auch nicht liegen. Was war also los? Ich war am Ende mit meinem Gartenlatein und hatte darüber hinaus Panik, dass der Boden doch verseucht worden war, durch die reißenden Wassermassen, die ja auch Öltanks und alles Mögliche mit sich gerissen hatte. Eine Wasser- und Bodenprobe, die wir einschickten, gab zum Glück Entwarnung. Nicht auszudenken, was für ein riesiges Problem das gewesen wäre. Aber eine Lösung hatte ich noch immer nicht.

Dann kam mir der Zufall zu Hilfe: Der Vater eines Mitschülers von Max kümmerte sich zu dieser Zeit um den Schulgarten und fragte in der Eltern-Whatsapp-Gruppe nach Rasensaat. Ich hatte welche übrig und er kam vorbei, um sie abzuholen. So lernte ich Don kennen, zeigte ihm das Gut und den Garten, in dem nichts mehr wachsen wollte. Er ging zu seinem Auto und drückte mir ein Buch über Pilze und Mikroorganismen in die Hand, das ich sofort gebannt las. Ich lernte: Nahezu jede Pflanze hat einen symbiotischen Pilz im Erdreich. Ohne ihn ist sie gerade einmal in der Lage, zwei bis sieben Prozent der Nährstoffe, die sie benötigt, selbst aufzunehmen. Der Pilz versorgt die Pflanze oder den Baum gezielt mit Nährstoffen und die Pflanze den Pilz wiederum mit Zucker, den er zum Überleben braucht. Nur ganz wenige Pflanzen kommen ohne passenden Pilz aus und das sind: Kohl, Mangold, Spinat und Rote Beete. Bingo. Ich erkannte die Wurzel des Problems: Die Wassermassen hatten alles, was nicht mit Gras bewachsen war, gnadenlos weggewaschen und metertiefe Löcher in den Boden geschlagen. Dadurch war das Bodenleben völlig durcheinandergeraten. Man kann es sich wie ein unterirdisches Spinnennetz vorstellen, das zerrissen wurde und neu zusammenwachsen muss.

Jetzt wusste ich zwar, woran es lag, aber noch nicht, wie ich helfen konnte bei dieser unterirdischen Kontaktbörse. Doch auch dafür wusste Don eine Lösung: Komposttee. Das ist, wie der Name schon sagt, Tee, den man aus Kompost braut und der das Netz aus Mikroorganismen, Pilzen, Mineralien und Nährstoffen, kurz: das gesunde Bodenleben pampert und auffüllt. Don war zufällig auch noch ein heimliches

Genie in puncto Komposttee. Ich sage heimlich, weil er ein unglaubliches Wissen darüber hat, es aber überhaupt nicht vermarktet. Keine Ahnung, wie viele Bücher er darüber gelesen hat, aber einige davon hat er selbst und unentgeltlich aus dem Englischen übersetzt, um sie dem deutschsprachigen Publikum zugänglich machen. Jedenfalls perfektionierte er in jahrelanger Arbeit den Komposttee derart, dass man ihn ohne Übertreibung als Superfood für den Boden bezeichnen kann – mit Aktivkohle, die die Nährstoffe bindet, mit Urgesteinsmehl, allerlei Mikroorganismen und seit Neuestem einem weltweit einzigartigen probiotischen Salz. Die genaue Zusammensetzung verriet er mir zwar nicht, aber er braute mir besagten Tee zusammen, den ich immer wieder über die Erde goss. Und was soll ich sagen: Mit der Zeit wuchs alles besser und schneller. Ohne diese Bodensanierung hätte ich wahrscheinlich Jahre gebraucht, um auf den Stand vor der Flut zu kommen.

Ich war begeistert und fragte mich natürlich sofort, warum das nicht bekannter ist? Jeder Mensch, der gärtnert, muss doch eigentlich wissen, dass es ein Superfood für Böden gibt, das man selbst herstellen kann. Natürlich nicht auf dem Level von Dons Komposttee, aber im Prinzip ist es leicht und kostet kaum Geld. Es erfordert ein bisschen Equipment, Fässer zum Ansetzen des Kompostes und eine kleine Sauerstoffpumpe. Gerade bei uns in der Eifel, wo der Boden so unter der Flut gelitten hat, aber auch darüber hinaus, können ausgelaugte Böden damit saniert werden, sogar im großen landwirtschaftlichen Stil und höchstwahrscheinlich am Ende günstiger als mit dem Teufelskreis aus Kunstdünger und Pestiziden.

Aber da liegt der wohlbekannte Hase im Pfeffer. Wo keine gut verdienende Industrie, wie die Düngemittel- und Pflanzenschutzbranche, dahintersteckt, fehlen auch die Lobby und die ganze Marketingmaschine dahinter. Es gibt für alles

Mögliche wirklich gute, nachhaltige und vor allem ungiftige Lösungen. Aber um die zu finden, braucht man entweder totales Glück, wie ich mit Don, oder man durchforstet lange das Internet und findet alles mühsam selbst heraus. Die Menschen, die so etwas wissen – wie mein Komposttee-Retter – haben in der Regel keine Lobby, keinen Vertrieb dahinter und damit kein Marketing, das die Informationen verbreitet. Wir müssen sie suchen und finden. Die kommen nicht zu einem und ploppen auch nicht in der eigenen Suchmaschine auf. Da landet man immer ganz schnell beim Standard-08/15-Produkt, den Sachen, die mehr Profit versprechen, mit allem Für und Wider.

Genauso verhält es sich bei Dämmstoffen. Der Standard der Gebäudedämmung war jahrzehntelang industriell hergestellte Glaswolle. Wir haben hier im Zuge der Renovierung des Verwalterhauses alte Glaswolldämmung aus dem Dachboden rausgeholt, in Schutzanzügen, Handschuhen und mit Atemmasken. Da dachte ich: Das ist doch Wahnsinn, du holst dieses giftige Zeug aus deinem Haus und musst horrend viel Geld für die Entsorgung zahlen, obwohl Hanf beispielsweise ein super günstiger, schnell nachwachsender und natürlicher Dämmstoff ist, der aber – natürlich – kaum eine Lobby hat.

Oft fällt das Argument, dass biologische oder nachhaltige Lösungen viel teurer wären, aber das ist bei Hanf überhaupt nicht der Fall. Oder bei Komposttee. Sicher spielt es auch eine Rolle, dass gerade die Menschen, die sich mit nachhaltigen, umweltschonenden und günstigen Alternativen beschäftigen, eher in den stillen Gewässern unterwegs sind und sich wohler in Graswurzelnetzwerken fühlen. Auf Don trifft das zumindest in Teilen zu. Mir blutet allerdings das Herz angesichts so viel Wissens, das im Verborgenen liegt. Mein langfristiger Plan ist daher, seine Expertise rund um den Komposttee und die Mikroorganismen gemeinsam in die Köpfe und Gärten zu bringen. Ich konnte ihn überzeugen, testweise größere Mengen von seiner Rezeptur zu brauen, die wir, Michi und ich, versuchen zu vermarkten. Nachdem wir gesehen haben, wie sich unser Garten erholte, mussten wir diese Investition einfach wagen. Perspektivisch kann ich mir sogar vorstellen, Seminare mit Don auf dem Gut anzubieten. Nach zwei, drei weiteren Gartenjahren bin ich vielleicht fit genug, um selbst Wissen weiterzuvermitteln. Aktuell möchte ich keinesfalls den Eindruck erwecken, eine Expertin im Garten zu sein. Ich habe bei null angefangen und lerne und begreife jeden Tag mehr. Meine Begeisterung am bereits Gelernten ist allerdings so groß, dass ich meine Freude daran und meine Erfahrungen gerne teilen möchte.

Was ich noch gänzlich lerne, ist, wie man gestaffelt aussät, damit man keine Ernteschwemme bekommt und tagelang Salat essen muss. Wie mache ich die Überschüsse am besten haltbar? Was muss ich einkochen? Was eignet sich dazu eigentlich? Was schmeckt frisch besser und sollte im Herbst gleich auf den Teller? Nehmen wir Zucchini: Natürlich kann man Chutneys daraus einkochen, aber frisch schmecken sie eigentlich am besten. Dafür lässt sich Kohl gut einfrieren oder auch bis tief in den Winter aus dem Beet ernten.

Wie viel ich wovon brauche, finde ich ebenfalls erst nach und nach raus. Im ersten Jahr habe ich gefühlt richtig viele Kartoffeln geerntet, doch sie waren im November schon alle. Ich muss erst mal ein Gefühl dafür entwickeln, wie viel wir anpflanzen müssen, wenn wir uns mit sieben Personen im Haushalt perspektivisch komplett selbst mit Obst und Gemüse versorgen wollen. Schätzungen sagen, du brauchst pro Person im Haushalt 50 Quadratmeter Anbaufläche für Kartoffeln, in unserem Fall somit knapp 400. Über kurz oder lang muss ich also noch ein Feld anlegen, und damit ist es noch nicht getan. Wie bei Kohl musst man die Anbaufläche jährlich wechseln, um den Boden nicht auszulaugen. Zum Glück gibt es auch beim Kartoffelanbau verschiedene Alternativen zum klassischen Weg. Wieder ein Thema, in dem man sich völlig verlieren kann während der Recherche.

Meine Lieblingsidee ist bisher folgende: Angeblich soll es funktionieren, die Kartoffeln einfach auf ein Stück Wiese zu legen, unter einen halben Meter Heudecke. Das Gras wird vom Heumulch erstickt, die Kartoffelpflanze wächst hindurch, bildet ihre Wurzeln im Heu und dort auch die Kartoffeln aus. Heu ist ein sehr nährstoffreiches Material, aus dem sich die Kartoffeln alles ziehen können, was sie benötigen. Zumindest laut Youtube-Videos klappt das.

Angesichts dessen stellt man sich schon die Frage, warum die Leute über Jahrhunderte mit Pflügen und Ackergäulen aufwendig die Erde bearbeitet haben, wenn es auch so funktioniert. Im großen Stil war das wahrscheinlich nicht möglich, da Heu im Winter als Futter für die Nutztiere benötigt und folglich nicht auf den Boden ausgebracht wurde. Vielleicht war aber einfach dieses globale Dorf des Internets nötig, um auf andere Ideen zu kommen als die traditionellen. Wer weiß. Meinen ersten Heubeetversuch hat leider die Flut weggewaschen, aber ich bleibe dran. Allein schon, um zu wissen, ob es tatsächlich so einfach funktionieren kann. Denn wie bereits erwähnt: Alles, was wir hier tun, muss irgendwie in einem zeitlich machbaren Rahmen bleiben – mit drei Kindern, drei Ferienwohnungen und 50 Raummetern Holz, die wir jedes Jahr machen müssen. Um nur einiges zu nennen.

Es bringt nichts, auf Biegen und Brechen alles sofort zu wollen. Man kann nicht von heute auf morgen aufs Land ziehen und zum Selbstversorger werden. Allein, zu verstehen und zu erfahren, was wie warum wächst oder eben nicht, fordert Geduld und die Zeit, in der aus Beobachtung Erfahrung wird. Ich wachse buchstäblich hinein in das Geheimnis des Wachstums. Und das kostet mitunter auch Wachstumsschmerzen, Rückschläge und die Akzeptanz, dass manche Dinge einfach nicht gelingen wollen.

Bei mir sind das Tomaten. Die Beziehung zwischen mir und meinen Tomaten gestaltet sich – gelinde gesagt – kompliziert. Im ersten Jahr war meine gesamte Ernte nach einer Regenperiode von der Braunfäule befallen, nachdem die Pflanzen zu viel Wasser abbekommen hatten. Selbst das Spritzwasser kann für die untersten Blätter schon zu viel sein und einen Befall auslösen. Geschweige denn Wasser von oben. Dann musst du sie anbinden und so weiter und so fort. Bei Tomaten handelt es sich um sehr pflegebedürftige Pflänzchen. Ich musste schweren Herzens 70 voll behangene Pflanzen entsorgen und unsere Tomaten doch wieder im Supermarkt kaufen. Scheitern gehört leider dazu. Beim Gärtnern fällt es nur wahnsinnig schwer, es nicht persönlich zu nehmen, wenn du zig volle Tomatenstauden wegschmeißen musst oder dir ein Bäumchen eingeht. Also Enttäuschung runterschlucken und den Fokus auf die Lehre richten, die man daraus zieht: Bauen wir ein Gewächshaus, damit die Pflanzen in Zukunft besser geschützt sind. Lange stand das Gewächshaus jedoch nicht. Die Flut riss es weg und danach waren erst einmal tausend andere Aufräumarbeiten dran.

Vielleicht wird die Geschichte zwischen mir und den treulosen Tomaten eines Tages eine glückliche. Bis dahin stehen sie unter einem Folienzelt in einer Mischkultur, die ihr Wachstum begünstigen soll: Buschbasilikum, Zwiebeln und Knoblauch. Die ätherischen Öle dieser drei Pflanzen halten Schädlinge und Wühlmäuse fern, Knoblauch und Zwiebeln sind darüber hinaus pilz- und keimhemmend. Das Lustige an Mischkulturen ist, dass sie nicht nur gut wachsen im Verbund, sondern auch auf dem Teller super zusammen schmecken: Tomaten und Buschbasilikum; Bohnen, Kürbis und Mais; Knoblauch, Möhren und Zwiebeln. Die Möhre hält der Zwiebel die Zwiebelfliege vom Leib und die Zwiebel der Möhre die Möhrenfliege. Und während die Tomatenprinzessinnen in ihrem provisorischen Folientunnel jetzt hoffentlich gut gepampert vor sich hin reifen, habe ich noch ein zweites Experiment am Laufen: die Guerillatomaten auf dem Frühbeet, das einfach so in der Gegend herumsteht. Die haben sich aus dem Kompost selbst ausgesät und wachsen trotz des trockenen Sommers und der mangelnden Pflege. Ich dachte, ich guck nicht richtig, als ich sie entdeckte, nach dem ganzen Hickhack um die Prinzessinnen. Ich lasse die kleinen Guerillakämpferinnen tunlichst in Ruhe. Mal sehen, wer am Ende gewinnt: sorgfältige Pflege oder zufällige Aussaat ohne aufwendiges Anbinden und Ausgeizen? Vielleicht löst der Komposttee auch das Problem.

Letztlich entwickelt man zu bestimmten Pflanzen also ein besonderes Verhältnis, aus den unterschiedlichsten Gründen. Wenn es sich komplizierter gestaltet, aber man nicht sofort eine Lösung findet, muss man auf die Natur vertrauen können. Denn, wie mein Erlebnis mit den Guerillatomaten verdeutlicht, hat die Natur mitunter einen eigenen Plan, den wir nur (noch) nicht verstehen. Dieses Geheimnis zeigte sich schon bald an einem weiteren Gewächs, das sich überraschend in unseren Plan schlich: Trüffel.

Michi, in seiner BWLer-Art, kam immer mal wieder mit folgender Idee an: »Wir bräuchten eigentlich irgendein Produkt, etwas, das speziell für Gut Neuwerk steht.«

Ich verstand das nicht. Wieso brauchten wir denn »ein Produkt«? Schließlich haben wir doch tausend Produkte in unserem Permagarten.

Doch Michi ließ nicht locker:»Klar, aber irgendein Signature-Produkt wäre gut. Wie wäre es denn mit Trüffeln? Wir haben genügend Platz dafür.«

Ich habe ihm direkt einen Vogel gezeigt und gelacht:»Du kannst doch hier keine Trüffel anbauen. Wie kommst du denn ausgerechnet darauf?«

Aber Michi ließ nicht locker, wenn er sich etwas in den Kopf gesetzt hat, verfolgt er es auch. Also fing er an zu recherchieren. Und das gestaltete sich gar nicht so leicht: Es gibt nämlich ziemlich wenig Infoliteratur über Trüffel, zumindest auf Deutsch oder Englisch. Angeblich ist der ganze Trüffelanbau zudem ein ziemlich mysteriöses Feld und selbst Trüffelexperten wissen nicht genau, warum das eine Jahr eine gute Ernte bringt, das andere hingegen nicht. Dass der Ertrag so unberechenbar ist, erklärt allerdings die stattlichen Preise. Doch vielleicht halten die Experten ihr Wissen auch gerade deswegen geheim? Auf jeden Fall schien mir das Ganze wie ein absolutes Hirngespinst. Ich mag Trüffel, aber es ist nicht so, dass wir sie ständig essen würden. Noch dazu sind wir in der Eifel!

Aber dann begann Josef, den wir als Teil des Teams von Kreislauf-Gärten kennengelernt hatten, und bestärkte Michi tatsächlich noch darin. Ihr müsst wissen: Josef ist ein absoluter Pilzfreak und Trüffelexperte. Er hielt das Vorhaben grundsätzlich für möglich, denn Gut Neuwerk liegt in der Sötenicher Kalkmulde. Trüffel brauchen kalkhaltigen Boden, also war die prinzipielle Voraussetzung gegeben und Michi wirklich hellauf begeistert. Über zwei, drei Ecken machte er einen Experten aus Niedersachsen ausfindig, der sich mit dem Anbau in Deutschland auskennt und auch die Trüffelbäume züchtet, die man dafür benötigt. Sie sind mit einem Mycel, einem Trüffelpilz, geimpft. Pflanzt man diese geimpften Bäume auf einer geeigneten Fläche, wachsen nach ein paar Jahren an ihren Wurzeln Trüffel, die man jährlich ernten kann. Ohne etwas dafür zu tun. Eigentlich ein Paradebeispiel für Permakultur. Wenn sie wachsen. Dessen kann man sich nämlich nicht sicher sein. Es ist, wie gesagt, ein weites, recht mysteriöses Feld.

Jedenfalls griff Michi direkt zum Telefon und rief den Experten an, um Trüffelbäume zu kaufen, während ich mit einem halben Ohr zuhörte. Das Gespräch verlief allerdings recht holprig. Es fielen Sätze wie:»Was habt ihr da für eine Fläche? Oh, schwierig. Nee, das wird nicht funktionieren.«

Jedenfalls schien dies und das schwierig und wurde im Verlaufe des Gesprächs immer schwieriger, bis Michi irgendwann sagte:»Sag mal, willst du mir keine Trüffelbäume verkaufen?«

Wollte er nicht, denn:»Es muss ja auch funktionieren.«

Michi legte unverrichteter Dinge auf und quittierte das Gespräch mit den Worten:»Na, das nenne ich mal Antimarketing.«

Nach diesem Dämpfer verwarfen wir das Thema, bis Folgendes geschah: Im Spätsommer 2020 kam Angie, eine Namensvetterin meiner Mutter, für eine Weile zu uns auf das Gut. Wir lernten sie über einen gemeinsamen Gärtnerfreund kennen. Sie wünschte sich eine kleine Auszeit, um ihr Leben neu zu sortieren, und die verbrachte sie damit, mir im Garten zu helfen. Sie ist ein super achtsamer Mensch, sehr aufmerksam und bedächtig mit allem, was sie umgibt. Der Typ Mensch, der es eigentlich kaum fertigbringt, ein Beikraut rauszureißen, ohne es an anderer Stelle wieder einzusetzen. An einem Tag bat ich sie, an der Mauer neben dem Atelier Hortensien zu pflanzen. Sie nahm sich der Sache an und stand etwas später mit den Worten vor mir:»Schau mal, Sara, ist das nicht ein Trüffel?«

In der Hand hielt sie einen kleinen schwarzen Erdklumpen, der sich bei näherer Betrachtung tatsächlich als wilder

Trüffel entpuppte. Mir wäre das in meiner Zack-zack-zack-Hortensie-rein-nächstes-Projekt-Art vermutlich gar nicht aufgefallen. Doch Angies bedächtiges Vorgehen beförderte tatsächlich einen Trüffel zutage.

Als Michi abends nach Hause kam und ich ihm den Zufallsfund zeigte, zückte er sofort sein Telefon, rief den Trüffelexperten an und sagte sinngemäß: So, nun erzähl mir noch mal, wir könnten keine Trüffel anbauen. Die wachsen hier ja schon wild.

Der Trüffelexperte besuchte uns Anfang Oktober mit einer Kollegin und zwei Trüffelhunden, um das Gelände zu prüfen. Man rechnet eigentlich mit Trüffelschweinen anstatt Hunden. Aber diese werden tatsächlich nicht immer eingesetzt, weil die Sauen (eingesetzt werden nur weibliche Schweine), wenn sie Trüffel wittern, sehr stürmisch werden können und nur schwer davon abzuhalten sind, sie kurzerhand selbst zu fressen. Der Geruch erinnert an die Sexualhormone männlicher Schweine. Hunde haben einen ähnlich feinen Geruchssinn wie Schweine und den Vorteil, dass sie sich hauptsächlich für das Finden der Trüffel begeistern und nicht daran interessiert sind, sie aufzufressen. Die Verlustquote bei einem ausgebildeten Trüffelhund ist dadurch geringer. Wenngleich die Vorstellung, mit einem Schweinchen loszuziehen, natürlich wesentlich charmanter ist.

Hunde und Experten inspizierten also das Gut und kehrten nach einer Stunde tatsächlich mit 200 Gramm Wildtrüffeln zurück und der Info, dass die beiden Wiesen am Gutseingang geeignet sein könnten. Mit Betonung auf »könnten«, selbstverständlich. Es handelt sich dabei um zwei Wiesenflächen von insgesamt etwa 5000 Quadratmetern, die Südhanglage haben. Das heißt, sie bekommen viel Sonne, wenig Staunässe ab und sind vor allem reine Wiesen, also bisher ohne Waldbestand. In einem bestehenden Wald ist die Konkurrenz für die Trüffel zu groß, denn dort leben schon unzählige andere, konkurrierende Pilzkulturen unter der Erde.

Michi grinste relativ breit. Seine – in meinen Augen – absurde Idee mit den Trüffeln hatte sich tatsächlich als siebter Sinn herausgestellt. Obwohl wir uns in einer Kalkmulde befinden, brauchte es allerdings etwas zusätzliche Düngung. Also bestellte er 25 Tonnen Muschelkalk aus Niedersachsen und ließ ihn hier ankarren. Das kostete erstaunlich wenig, war aber ein ziemlich großer Haufen Kalk, der da von einem Radlader abgekippt wurde und dann per Hand schaufelweise auf den beiden Wiesen ausgebracht werden musste. Im Dezember. Wir konnten ja keinen Radlader kreuz und quer auf einer Wiese fahren lassen. Der Boden wäre danach so verdichtet, dass er sich jahrzehntelang nicht erholen würde. Gott sei Dank ist das Langzeitdünger, der sich mit der Zeit zersetzt und stetig Kalk freigibt, und nichts, was man jährlich wiederholen muss.

Anschließend haben wir die Bäume gepflanzt: insgesamt 80 Stieleichen, Linden, Haseln, Rotbuchen und Schwarzkiefern. Einen richtig schönen Mischwald, Vielfalt statt Monokultur. Auf die obere Wiese 30 Sommertrüffelbäume und auf die untere 50 Wintertrüffelbäume. Zuletzt haben wir mit Stroh darüber gemulcht, denn es enthält wenig Fremdpilze. Und das Ganze natürlich ohne Gewähr, denn wie gesagt: Ob sie wachsen, liegt scheinbar mehr im Ermessen der Trüffel und weniger in dem der äußerst zurückhaltenden Trüffelexperten. Fünf bis sieben Jahre kann es schon dauern, bevor man die ersten findet. Vielleicht kommt auch gar nichts. Aber wir haben uns gesagt: Na ja, im schlimmsten Fall haben wir 80 Bäume gepflanzt, das kann doch nicht verkehrt sein!

Streng genommen schon, wie wir später herausfanden. Im Zuge eines weiteren Bauprojekts kamen einige Behördenvertreter auf das Gut. Darunter war eine Frau von der zuständigen Naturschutzbehörde, die die Anpflanzung auf den Wiesen am Gutseingang mit den Worten quittierte, man dürfe nicht einfach aufforsten ohne entsprechende Anmeldung und Genehmigung. Damit hatten wir überhaupt nicht gerechnet. Dass man nicht einfach nach eigenem Ermessen abholzen kann, scheint logisch, das leuchtete uns ein. Aber aufforsten? Was sollte daran problematisch sein? Die Gefährdung einer seltenen Orchideenart beispielsweise, die auf der Wiese wachsen würde. Oder andere Gründe, die Bestandsschutz erfordern. Nichts dergleichen war bei uns der Fall. Wir konnten uns auf einen Kompromiss einigen, die meisten einheimischen Gehölze dürfen stehen bleiben. Puh, welch Glück!

Vielleicht fragt ihr euch, was Michi eigentlich mit den Trüffeln im Sinn hat, gesetzt den Fall, es wachsen tatsächlich welche. In seiner Fantasie stehen wir in ein paar Jahren mit einem kleinem Pop-up-Büdchen auf dem Wanderparkplatz am Gutseingang und verkaufen frische Trüffelpizza aus dem Holzofen, auf die Hand. Die kann man dann mit einem Glas Wein unter den illegal aufgeforsteten Bäumchen genießen. Wenn nicht, dann backen wir eben eine andere Pizza. Und falls es so weit kommen sollte, dass wir eine stabile jährliche Ernte erhalten und uns durch die ganze Bürokratie aus Genehmigungen und Auflagen gewühlt haben, können wir frische Trüffel direkt an die Restaurants der Umgebung verkaufen. Natürlich werden wir es vermutlich nicht schaffen, dass sie so aromatisch sind wie aus dem französischen Périgord, aber dafür sind es lokale Eifler Trüffel. Eine Überraschung, mit der wahrscheinlich kaum jemand gerechnet hätte, zumindest ich nicht. Michi hingegen schon und er nimmt daraus ein weiteres Learning mit: seinem Bauchgefühl zu vertrauen, auch wenn die Umstände nicht danach scheinen mögen.

Die Schäfchen ins Trockene bringen

Plötzlich Tierbesitzer

Sara und ich hatten ein Häuschen im Grünen mit Garten gesucht und einen Gutshof mit sechs Hektar Land gefunden. Viel weiter draußen und viel größer als geplant. Ein Gelände mit Wald, See und Ferienwohnungen. Neben all den schönen Möglichkeiten, die wir sahen, brachte das natürlich ebenso Verantwortung mit sich. Nicht nur für das Anwesen, sondern auch seine Bewohner: Vor uns lebten schon einige Tiere auf Gut Neuwerk, die noch von den Vorbesitzern stammen. Da sie gewissermaßen mit zum Gut gehörten, hatten wir von null auf hundert acht Schafe, zehn Hofkatzen, zwei Gänse und zwei Esel zu versorgen. Wobei die Esel zwar bei uns leben, aber auf einer eigenen Wiese stehen und noch immer den Vorbesitzern gehören, die sich um die beiden kümmern.

Und wie eigentlich fast alles war ebenso Tierhaltung völlig neu für uns. Auch in Köln hatten wir weder Katze noch Hund. Ich bin nicht so der Kuscheltiertyp. Versteht mich nicht falsch, ich habe nichts gegen Tiere, aber ich käme nicht auf die Idee, mir ein Haustier nur des Tieres wegen anzuschaffen. Von Nutztierhaltung verstanden wir damals außerdem gar nichts. Es ist ja nicht damit getan, die Tiere zu füttern – sie sind weitaus pflegeaufwendiger. Wenn du Neuling auf diesem Gebiet bist, führt das zwangsläufig zu wirklich witzigen Momenten, zumindest retrospektiv betrachtet. Ich hätte früher nicht gedacht, dass ich eines Tages mit einem Schaf wrestlen würde, Sportler hin oder her.

Bis zu dem Moment, als wir zum ersten Mal ein Schaf einfangen mussten, um ihm die Klauen zu schneiden. Bei Paarhufern nennt man die Hufe Klauen. Gut, so etwas lässt sich noch googeln. Ebenso dass man diese regelmäßig schneiden muss, weil zu lang gewachsene Klauen von unten in die Füße drücken, wie ein eingewachsener Nagel, und die Tiere anfangen zu humpeln. Die ersten Male haben wir deswegen den Tierarzt geholt. Aber irgendwann, nach ein bisschen Beobachtung, kam uns schon der Gedanke: Wir können doch nicht andauernd den Tierarzt für die Pediküre kommen lassen. Der hat schließlich Wichtigeres zu tun, wenngleich er unsere zaghaften Anfänge immer sehr geduldig und wohlwollend begleitete. Jedenfalls war uns bewusst, dass wir das langsam selbst übernehmen müssen. Und eines Tages standen wir auf der Weide und sagten uns: Okay, dann mal los.

Schritt eins ist das Einfangen. Denn ein Schaf bleibt nicht einfach stehen, wenn du mit der Klauenschere ankommst. Zumindest unsere nicht. Schafe sind Fluchttiere. Sie können zwar nicht viel, wegrennen allerdings ausgesprochen gut. Allein, ein Schaf hinzutreiben, wo du es haben willst, um es anzupflocken, ist schon mit dem ein oder anderen Sprint verbunden und ein absoluter Teamsport. Nicht umsonst nimmt man dafür normalerweise Schäferhunde zu Hilfe.

Ich hingegen sprang eher wie ein Torwart vor dem Tier herum, das Schaf im Galopp. Das dachte sich wahrscheinlich: Was will der Fußballer von mir? Spielen? Sein Ernst?

Irgendwann ist es mir selbst zu bunt geworden und ich bin im Vollsprint hinter dem Schaf hergerannt, abgesprungen und wrestelte das arme Ding nieder.

Schritt zwei: Zum Klauenschneiden musst du das Schaf nicht nur fangen und anpflocken, sondern buchstäblich hinsetzen. Auf den Hintern. Sitzt es einmal, bleibt es relativ ruhig und wehrt sich auch nicht mehr. Aber bis dahin musst du erst kommen. Doch irgendwann kommt eben dieser Tag, da musst du zum ersten Mal ein Schaf flachlegen. Der Tierarzt hatte mir die Wurftechnik, einen bestimmten Griff um das Schaf, zwar gezeigt. Der ist nicht besonders schwer, aber ich musste mich schon ein bisschen durchringen, um das Tier anzupacken. So ganz genau weiß man schließlich nicht, wie es reagiert. Was, wenn ich es verletze oder ihm wehtue?

Bei den ersten Versuchen habe ich mich wie ein Anfänger angestellt. War ich ja schließlich. Ich stand mir selbst im Weg und lag plötzlich auf oder unter dem Schaf, bis ich irgendwann die Technik draufhatte. Die muss man halt üben, wie alles. So ein Schaf ist zudem leider kein richtig guter Feedbackgeber. Sobald es aber auf seinen vier Buchstaben sitzt, ist es ganz friedlich. Du musst es dennoch im Klammergriff halten und kannst dabei ein bisschen kuscheln, während Sara vorsichtig die Klauen schneidet, eine gefühlte Ewigkeit. Es riecht auch recht streng, was du da im Arm hast.

Dass ich also gut zwei-, dreimal im Jahr mit Schafen ringe, hätte ich mir früher nicht vorstellen können. Und können sich viele, denen ich beim Job in der Stadion-VIP-Lounge begegne, noch heute nicht. Manche sprechen mich an, weil sie gerade einen Bericht über uns gesehen haben oder uns auf Instagram folgen, und sagen Sätze wie: »Mensch Michael, datt hätten wir ja nie von dir jedacht.« Klar, die kennen mich als den »Schönjeföhnten« im Anzug. Man denkt da schließlich beim Machen nicht drüber nach, denn die Dinge müssen einfach getan werden. Doch in der Spiegelung begreifst du, wie du dich veränderst und welche Kompetenzen du plötzlich ausbildest. So richtig bewusst geworden ist mir das, als Saras Mutter bei einem gemeinsamen Zusammensitzen sagte: »Als ich gesehen habe, wie Michi dieses Schaf gefangen hat, dachte ich: Was haben wir uns entwickelt!«

Die nächste Kompetenz, die Michi und ich uns aneignen müssen, wird noch ein bisschen anspruchsvoller, als Klauen zu schneiden. Denn auch damit hört die Schafspflege noch nicht auf. Obwohl die Schafe bei uns nur ihr Altenteil verbringen und gemütlich den Rasen für uns mähen, müssen sie ab und an geschoren werden. Wie uns bewusst wurde, ist es unheimlich schwer, noch Leute zu finden, die das machen. Für unsere fünf Schafe lohnt es sich schon gar nicht, extra zu kommen, da verdient man nichts daran. Die wenigen Schäfer, die es noch gibt, haben mit ihren eigenen Herden genügend zu tun. Der Beruf des Schäfers oder der Schäferin ist derart unrentabel geworden, dass er regelrecht ausstirbt. Die Preise für Lammfleisch fallen durch die Konkurrenz aus dem Ausland und auch für Schafwolle gibt es überhaupt keinen Markt mehr. Man bekommt sie inzwischen fast geschenkt. Klamotten aus Wolle herzustellen ist aufwendig und teuer und Menschen kaufen heute alles aus Polyester, was einen viel höheren Profit bringt. Dabei ist Schafwolle eigentlich pures Gold. Sie besitzt unter anderem schmutzabweisende und temperaturausgleichende Eigenschaften, das heißt, sie wärmt einen im Winter und hält einen im Sommer angenehm kühl. Dadurch dient sie auch als super Dämmstoff beim Bauen, man kann damit mulchen und düngen, oder sie weiterverarbeiten. Meine Mutter Angi hat begonnen, einen Teil der Wolle zu waschen und damit kleine Puppen für die

Kinder zu stopfen. Was wiederum mich auf eine Idee brachte: Ich habe herausgefunden, dass es kleine Firmen gibt, die die Wolle waschen und so verarbeiten, dass man sie in Decken füllen kann. Möglichkeiten, um aus dem Rohstoff etwas zu machen, gibt es also viele, nur mich ans Spinnrad zu setzen und selbst Wolle daraus zu spinnen, ist zeitlich nicht drin. Zumindest erst einmal.

Plötzlich Tierbesitzer zu sein, brachte Michis und meine Lernkurve jedenfalls ordentlich zum Glühen. Immerhin fühlten wir uns mit unseren tierischen Mitbewohnern auf Gut Neuwerk knapp ein Jahr nach Einzug scheinbar so weit im Gleichgewicht, dass wir uns den nächsten Schritt zutrauten: Wir schafften uns eigene Hühner an. Doch mit ihnen ging es nahtlos weiter. Wieder die Frage: Wie fängt man eigentlich ein Huhn ein? Wie fest darf man zugreifen? Und wo eigentlich? Keine Ahnung, wie verletzlich so ein Huhn ist. Am Anfang haben wir tatsächlich einen Fischkescher zu Hilfe genommen, weil wir Angst hatten, die Flügel zu verletzen. Oder selbst von den Klauen oder Schnäbeln zerkratzt zu werden. Davon abgesehen, dass wir sie, ohne Hilfsmittel, auch einfach nicht gekriegt haben. Als ich das erste Mal ein Huhn aus der Hand fütterte, erschrak ich mich total, denn es zwickt ordentlich, wenn sie zupicken. Das tut nicht wirklich weh, war aber ein gänzlich unbekanntes Gefühl. Heute fange ich die Hühner quasi aus der Luft.

Weitaus beängstigender fühlte sich jedoch der Tag an, an dem meine Mutter zu mir eilte und sagte: »Sara, ich glaube, das eine Huhn ist tot. Das liegt im Nest und bewegt sich nicht mehr.« Es stand fest, dass es nicht schläft, denn dabei sitzen Hühner auf der Stange. Sofort ratterte es in meinem Kopf los: Vielleicht hat es nur eine Krankheit? Aber was, wenn es doch tot ist, dann muss ich es herausholen, mit den

Händen, und dann ... Ja, was dann? Begraben? Um das mulmige Gefühl im Bauch etwas zu beruhigen, holte ich Michi zur Verstärkung.

Nun standen wir im, das muss zu unserer Verteidigung gesagt werden, ziemlich dunklen Stall und stocherten zaghaft mit einem Stöckchen an dem Huhn herum. Unerwartet gab es ein gurrendes Geräusch von sich. Ein völlig entnervtes Seufzen. Was für eine Erleichterung: Tot war es zum Glück nicht, trotzdem blieb es eisern im Nest sitzen. Es musste also eine Krankheit haben. Wie sollten wir die Diagnose stellen? Mangels Vorwissens taten wir das, was man heutzutage tut, wir googelten: Huhn sitzt im Nest und steht nicht mehr auf. Google antwortete: Huhn brütet.

O Mann! Wir mussten so laut lachen über unsere eigene Ahnungslosigkeit. Brutstarre lautet der Fachbegriff. Klar, natürlich, darauf hätten wir kommen können. Das ist gewissermaßen der Job des Huhns. Nur mit der puren Erkenntnis des Brütens waren wir auch noch nicht wirklich weiter. Also googelten wir: Wie lange brütet ein Huhn? Google: 21 Tage. Immer genau drei Wochen.

Am Ende jenes Tages waren wir um einiges klüger und das Blatt hatte sich komplett gewendet: Wir hatten kein totes Huhn zu beklagen, sondern kannten den ungefähren Schlüpftermin unserer ersten Küken! Rund um Michels Geburtstermin sollte es so weit sein und wir nahmen Wetten an, welcher der erste Festtag werden würde. Gespannt und voller Vorfreude fieberten wir dem Ereignis entgegen. Und tatsächlich, eines Morgens war ein zartes Piepsen unter Henriettes Flügel zu vernehmen. Wenig später lugten drei Schnäbelchen aus ihrem Federkleid hervor. Leider rutschte eines der Küken kurz darauf in einen Spalt der Nestkiste und starb. Auf die erste Geburt folgte tatsächlich der erste Tod – und ein Begräbnis. Das ist ebenso Teil der Lernkurve. Die beiden anderen Küken bescherten uns allen, Kindern wie Erwachsenen, eine bezaubernde Zeit.

Aber auch dieses unerwartet schöne Ereignis war der Auftakt einer Reihe von weiteren Fragen, mit denen wir uns beschäftigen mussten. Wie immer endete die erste Frage »Huhn sitzt im Nest und bewegt sich nicht?« zwar mit einer Antwort, warf aber gleichzeitig zahllose neue Fragen und Herausforderungen auf: Woran sieht man, wie viele der bebrüteten Eier tatsächlich befruchtet sind? Nimmt man die anderen raus? Wie brüten Hühner überhaupt? Und wie erkennt man, bei welchen Küken es sich um Hähne handelt? Denn zu viele Hähne werden zu einem Problem. Eine Hühnerschar hat eine festgelegte Hackordnung und verträgt nur einen Haupthahn, maximal einen zweiten, doch der fristet in der Regel ein klägliches Dasein. Spätestens mit einem Jahr erheben Junghähne außerdem Begattungsanspruch und müssen aus der Schar genommen werden, denn die Hühner leiden enorm darunter. Allerdings wird es auf Dauer auch problematisch, wenn immer derselbe Hahn seinen eigenen Nachwuchs befruchtet.

Was machen wir also mit den Junghähnen? Wie kriegen wir sie los? Schlachten ist ein Thema, das wir erst einmal ausgeschlossen haben. Wir leben zwar nicht rein vegetarisch, essen aber nur wenig Fleisch, meist Wild von einem befreundeten Jäger. Bei dem Gedanken daran, die kleinen Hähne in der Suppe zu kochen, bekomme ich nicht wirklich Appetit. Hähne schmecken zudem prinzipiell nicht so gut und wenn, nur im ersten Lebensjahr, danach sind sie anscheinend sehr zäh. Andererseits erscheint es inkonsequent: Wir essen ab und an Fleisch, wenn wir die Herkunft kennen, warum dann nicht auch unsere Hähne? Sie zu schlachten bringe ich nicht übers Herz. Aber wenn wir sie zum Schlachten geben würden? Behalten können wir sie nicht alle. Nein, ich war mir sicher, wir fänden einen guten Platz für sie. Wie ihr seht, handelt es sich dabei um ein Thema, das ich nur mit einem entschiedenen »Jein« beantworten kann. Aber was dann mit den Hähnen anstellen?

Zuerst dachte ich, ich mache mir unsere Followerschaft auf Instagram zunutze und versuche dort einen Hahn zu verschenken. Das funktionierte wider Erwarten nicht, weder beim ersten noch beim zweiten Mal. Instagram stellt keine gute Börse für Hähne dar. Der letzte Junghahn war außerordentlich hübsch und die Follower plädierten eher dafür, ihn zu behalten, anstelle des weniger attraktiven Haupthahns. Das geht natürlich nicht. Gute Looks hin oder her, bei den Hühnern hat er kein Standing. Da steht der erfahrene Hahn höher im Kurs. Ich musste also doch auf ebay-Kleinanzeigen zurückgreifen, darüber fanden wir tatsächlich ein neues Zuhause für ihn.

Hühner sind sehr interessante, äußerst soziale Tiere in ihrem seltsamen Schargefüge. Man entwickelt schnell eine Bindung zu ihnen. Selbst meine Mutter, die Hühner immer irgendwie unattraktiv fand und sich nicht vorstellen konnte, eines anzufassen, hat sie mittlerweile wirklich ins Herz geschlossen. Wir tratschen manchmal über das eine oder andere in der Schar und wenn es Verluste gibt, nimmt uns das mit.

So wirklich endet die Sorge um die Hühner nie. Im nächsten Sommer hörten die Hennen nach und nach auf, Eier zu legen, wirkten gestresst und nervös, bis ich irgendwann die kleinen roten Punkte in den Stallritzen entdeckte: Milben! Die hartnäckigen kleinen Vampire nisten sich im Gefieder ein und saugen Blut. Im schlimmsten Fall sterben die Hühner an Blutarmut. Was also tun? Eine neue Recherche ergab: Es ist super schwer, rote Vogelmilben wieder loszuwerden (war ja klar!), spuckte aber Gott sei Dank ein unbedenkliches, biologisches Mittel dagegen aus (immerhin!). Kieselgur, ein feines Pulver, mit dem man alle zwei, drei Tage sämtliche Ritzen des Stalls behandelt, nachdem man ihn jedes Mal gründlich gesäubert hat. Vogelmilben sind wirklich wie winzige Vampire. Tagsüber, wenn die Hühner im Garten sind, verkriechen sie sich in alle erdenklichen Ritzen und Ecken des Stalls und treiben nachts ihr Unwesen und saugen Blut. Deswegen kann man sie aber auch mit dem Kieselgur erwischen, wenn man unermüdlich sauber macht und Pulver aufbringt. Nach einigen Wochen Behandlung begannen die Hühner wieder Eier zu legen, wirkten zunehmend entspannter und irgendwann wieder ganz normal. Das »normal« von Hühnern eben. Die sind prinzipiell schnell empört und gackern lauthals, wenn das Futter angeblich zu spät kommt oder ein anderes Huhn den größeren Wurm aufpickt. Lustige Gesellen, ich mag sie wirklich gern.

Lange währte die Idylle nicht und ein neuer Feind trübte den Himmel über Hühnerhausen. Dieses Mal buchstäblich. Ein Habicht tauchte plötzlich auf, kreiste über dem Garten und holte zwei junge Hühner. Beim dritten Anflug konnten wir ihn zwar rechtzeitig verjagen und die kleine Edda retten – unser allererstes Huhn –, verletzt hatte er sie trotzdem. Edda erholte sich zwar, doch wir hatten ein Problem. Eigentlich verbringt die ganze Schar ihre Zeit tagsüber im Garten und geht ihren Geschäften nach, sie sind ja auch eingeplant zum Schneckeneierpicken und Apfelwicklereinsammeln. Jetzt konnten wir das allerdings nicht mehr riskieren, ohne mit weiteren Opfern rechnen zu müssen. Oder die Hühner den ganzen Tag zu bewachen. Also mussten wir die erneut völlig gestresste Bande im Gehege lassen und sie bei ihren Freigängen beaufsichtigen. Zur Empörung der Hühner natürlich. Da kommen wir mit unserer naturnahen Einstellung auch an unsere Grenzen. Theoretisch müssten wir dem Hahn das Feld überlassen, denn in der freien Natur kommt ihm die Aufgabe zu, die Schar zu beschützen und sich mit dem Habicht anzulegen. Aber dazu sind wir nicht cool genug.

Also wühlte ich mich erneut durch Internetforen, auf der Suche nach Abhilfe, dieses Mal gegen den Habicht. Ein Hoch an dieser Stelle auf Internetforen! Natürlich findet sich über kurz oder lang ebenso im realen Leben jemanden, der genau die Information hat, die man braucht. Wenn ich eine Runde durch Urft drehen und an jeder Haustür klingeln würde, hätte ich wahrscheinlich auch Glück, denn die Eifler wissen und können gefühlt alles. Ab und an haben wir zudem Gäste in den Ferienwohnungen, die selbst Landwirtschaft betreiben. Mit ihnen tausche ich mich gerne gemütlich über Mittel gegen Hühnermilben oder den Umgang mit Hornissennestern aus. Bei der Sache mit dem Habicht hingegen war Gefahr in Verzug. Nach den zwei Hühnern und der einen missglückten Attacke fand ich am See noch einen toten kleinen Graureiher, der ihm vermutlich auch zum Opfer gefallen war. Der Habicht schien sehr entschlossen zu sein. Vermutlich ein ganz junges Exemplar, das sich schnell ein neues Revier erobern will. Bisher hatte ich kaum ein Problem mit Raubvögeln, nur vor zwei Jahren tauchte einmal kurz ein Habicht auf, holte ein Huhn und verschwand gleich wieder.

Wahrscheinlich liegt es daran, dass wir hier viele Rotmilane haben. Die interessieren sind nicht für Hühner, halten ihr Revier aber frei von anderen, kleineren Räubern. Allerdings sind Milane – wie ich ebenfalls herausfand – Zugvögel, die ab Oktober in Portugal oder Spanien überwintern. Das würde zumindest erklären, warum der Habicht genau im Oktober zuschlug. Es wurde ein Winterrevier frei. Also hieß es wieder: Rein in die Internetforen und möglichst heil wieder rauskommen – mit der richtigen Information. Das ist gar nicht so leicht, denn in den Kommentarspalten von Foren kann schon mal die Hölle losbrechen. Du findest einen Tipp, der passend erscheint und begibst dich für die weitere Recherche in ein Unterforum, nur um dann wieder zu lesen, dass Klaus aus Unterhaching überhaupt nichts von so einem Amateurtipp hält, wogegen Birgit aus Peine entschieden protestiert. Die Suche gestaltet sich nicht immer als Spaziergang, fördert aber einen riesigen Wissensschatz zutage. Man sollte nur aufpassen, nicht zwischen die Fronten zu geraten.

Schließlich fand ich das, zumindest laut Bewertungen, Einzige heraus, was helfen soll: eine Greifvogelabwehrkugel. Nein, dabei handelt es sich nicht um eine spezielle Munition, mit der man den Habicht abschießt. Obwohl die Nerven bei Geflügelbesitzern schnell blankliegen, wenn Räuber auftauchen und die geliebten Tiere reihenweise reißen. Zumindest ist die illegale Jagd auf Greifvögel noch immer ein Problem und wird mit bis zu fünf Jahren Freiheitsentzug bestraft. In Großbritannien waren Habichte zeitweise nahezu ausgerottet, da sie gejagt und vergiftet wurden.

Ich kann schon nachvollziehen, dass man manchmal an seine Grenzen kommt und auf Gedanken, die man nicht glaubte, jemals zu denken.

Ich habe mal einen Film gesehen über ein amerikanisches Paar, das aus der Großstadt irgendwo ins Nirgendwo zog und dort mit sehr viel Liebe und hohen ökologischen Idealen eine Farm aufbaute, im Einklang mit der Natur. Aber eines Tages tauchte ein Kojote auf und begann ihre Tiere eines nach dem anderen zu reißen. Sie versuchten alles Mögliche, aber nichts half. Nur die Trauer um die Tiere wurde immer größer und die Wut auf den Kojoten auch. Am Ende haben sie ihn erschossen und saßen anschließend heulend und über sich selbst bestürzt in ihrem kleinen Paradies – nicht mehr im Einklang mit der Natur.

Natürlich ist es mitunter ein Kampf. Schon wenn dir die Schnecken alles wegfressen, kann dir alles gefühlt über den Kopf wachsen. Ich würde nie Schneckenkorn einsetzen, sondern versuche, ihnen mit den Hühnern entgegenzuwirken, die die Schneckeneier vertilgen. Und dann sind diese Hühner auf einmal von einem größeren Räuber bedroht. Für viele verschwimmen da plötzlich Grenzen. Man hast eine Idee, arbeitest enorm viel dafür und will unbedingt, dass sie funktioniert. Aber Natur ist eben genauso Paradies wie das Gegenteil. Darin zu leben bleibt ein permanentes Austarieren zwischen romantischem Ideal und Realität. Es bleibt nichts anderes übrig, als Verluste zu akzeptieren und zu lernen, damit zu leben. Schaffst man das nicht, besteht die Gefahr, dass die Mittel, zu denen jemand greift, immer rabiater werden.

Aber zurück zur Greifvogelabwehrkugel! Es handelt sich dabei um eine silberne Kugel von etwa 20 Zentimetern Durchmesser auf einem Stab, die man im Garten aufstellt. Gewissermaßen ein runder Spiegel, den man in der Einflugschneise des Habichts platziert. Die Theorie dahinter: Der Habicht kommt angeflogen und will sich aus großer Höhe auf die Beute stürzen, spiegelt sich allerdings in der Kugel und sieht scheinbar, da er zwar richtig gute Augen, aber keine Selbsterkenntnis hat, einen anderen Habicht auf sich zukommen. Er dreht also eher ab, weil er das Revier für besetzt hält, als es auf einen Kampf ankommen zu lassen, und kehrt im besten Falle nicht zurück.

Wenn man die Einflugschneise nicht genau kennt, kann man auch mehrere solcher Kugeln in unterschiedlicher Höhe platzieren. Ich habe vier aufgestellt, in der Hoffnung, dass viel viel hilft. Da bin ich nicht so homöopathisch. Es sieht zwar zugegebenermaßen eigenartig aus, dass in meinem ohnehin schon kreisrunden Garten jetzt ein Ring silberner Kugeln steht, aber ich gehe weniger davon aus, dass hier ein

Ufo landet, als dass es den Habicht abhält. Und den Gästen kann ich erklären, was es mit diesem Setting tatsächlich auf sich hat.

Bisher hält es den Habicht leider nicht gänzlich ab. Er hat noch ein weiteres kleines Huhn geholt, weswegen wir die Schar nun hauptsächlich im sicheren Gehege und zweimal am Tag bewacht draußen herumspazieren lassen. Hofgang quasi. Das stellt aber auch keine Dauerlösung dar, bis der Milan zurückkommt. Größere Tiere zum Federvieh zu stellen soll angeblich ebenfalls funktionieren, um Raubvögel abzuwehren. Sobald wir ein Gatter am Eingang zum Garten angebracht haben, lassen wir die Schafe probeweise in den Garten, wenn die Hühner Auslauf bekommen, und hoffen, dass das helfen wird.

Gerade in Hinsicht auf die Tiere wird der Kreislauf der Natur uns ab und an zur Herausforderung. Für unsere Kinder interessanterweise weniger. Am Anfang habe ich mir viele Gedanken darüber gemacht, wie ich ihnen den Tod eines Kükens, einer Katze oder das Verschwinden eines Huhns behutsam erkläre. Aber das brauchte ich gar nicht. Sie nahmen es hin, als das, was es ist. Sie hatten die Spielregeln der Natur bereits begriffen, abseits von Disneyfilmen und Streichelzoos. Überhaupt stellte sich bei den Kindern von Beginn an ein ziemlich selbstverständlicher Umgang mit unseren vierbeinigen und gefiederten Mitbewohnern ein. Sie wachsen hinein in den Umgang mit den Tieren. Als er klein war, hatte unser Sohn Max zunächst noch Angst, insbesondere vor Hunden. Tiere waren ihm nicht ganz geheuer. Mit dem Alltag auf dem Gut hat sich das langsam, aber stetig verändert. Heute empfindet er so gut wie gar keine Scheu mehr und schnappt sich die Flusskrebse mit der Hand aus dem See. Nur Regenwürmer jagen ihm noch immer einen Schauer über den Rücken, die mag er partout nicht anfassen. Romy und Michel sind nahezu von Anfang an mit den Tieren aufgewachsen. Michel ist auf dem Gut geboren und fast der Argloseste von uns allen. Er füttert sogar die im Vergleich riesigen Schafe mit Vergnügen aus seiner kleinen Hand. Die Katzen und die Hühner haben alle drei regelmäßig auf dem Arm. Und natürlich die Küken auf der Hand. Selbst wenn es darum geht, ausgebüchste Hühner einzufangen, haben die Kinder keine Scheu zuzupacken. Insgesamt hat sich ein sehr selbstverständliches Miteinander entwickelt. Den Unterschied sieht man am deutlichsten, wenn andere Kinder zu Besuch sind, die sofort drauflosstürzen, auf die Esel, auf die Schafe, auf die Hühner. Mitunter ohne die nötige Vorsicht. In diesen Momenten wird mir als Mutter jedes Mal wieder bewusst, wie wertvoll es, bei all der anfänglichen Überforderung, doch gerade auch für unsere Kinder ist, unsere Familie um all diese Vierbeiner erweitert zu haben.

Wasser unterm Kiel & Holz vor der Hütte

Vorhandene Ressourcen nachhaltig nutzen

Was das Thema Wasser betrifft, können Sara und ich glücklicherweise sagen, dass wir so gut wie unabhängig sind. Unser Wasser kommt nicht von den Wasserwerken, sondern aus einem sehr alten, circa fünf Meter tiefen Schachtbrunnen, der vom Grundwasser gespeist wird. Er befindet sich immer noch in einem richtig guten Zustand und muss wohl im frühen 18. Jahrhundert angelegt worden sein, als die Eisenschmiede Gut Neuwerk errichtet wurde. Vielleicht ist er sogar noch älter, wenn man dem Wappen am Herrenhaus glaubt, demzufolge die Ursprünge der Bebauung auf das Jahr 1646 zurückgehen.

Die Wasserqualität hier ist hervorragend. Das liegt auch daran, dass wir mitten in einem Naturschutzgebiet liegen und die Belastung mit Nitrat oder Pestiziden sehr gering ist. Wenn überall Felder und konventionelle Landwirtschaft um uns herum wären, sähe das anders aus. Es kann nämlich passieren, dass man mitten in der schönsten Natur lebt, das Grundwasser aber an den Höchstwerten der Nitratbelastung entlangschrammt, einfach weil die Felder um einen herum mit Kuhmist gedüngt werden. Uns wird eine so gute Wasserqualität zuteil, dass wir keine zusätzliche Filterung für Schwermetalle oder Pestizide bräuchten.

Dass wir nicht an der öffentlichen Wasserversorgung hängen, stellt also einen wirklichen Vorteil dar, bedeutet aber zeitgleich auch, dass wir nicht an die Kanalisation angeschlossen sind. Stattdessen haben wir zwei abflusslose Gruben für die Ferienhäuser, und das Haupthaus verfügt über eine eigene kleine Kläranlage. Einmal jährlich müssen die Gruben von der Abwasserwirtschaft ausgepumpt werden.

Von diesem letzten Punkt abgesehen, sind wir maximal unabhängig, was die Wasserversorgung betrifft – dank jenes jahrhundertealten Brunnens. Wir haben hier immer Zugang zu Wasser, völlig unabhängig, wie die Weltlage sich entwickeln wird. Im Verlauf des wahnsinnig trockenen Sommers 2022 fragte ich mich allerdings schon ab und an, wie das wohl perspektivisch aussieht, wenn der Klimawandel ungehindert fortschreitet. Wie viel Wasser gibt der Brunnen auf Dauer her, wenn es den Sommer über kaum regnet? Ist der Brunnen tief genug oder müssen wir irgendwann weiter schachten und tiefer gelegene Wasseradern anzapfen? Davon sind wir, trotz des Klimawandels, zwar noch nicht bedroht, aber in Teilen des amerikanischen Westens ist es schon der Fall. Den Farmen in Kalifornien versiegen großflächig die Brunnen, weil der Grundwasserspiegel kontinuierlich sinkt.

Seit wir auf Gut Neuwerk leben, habe ich ein ganz neues Verhältnis zu Wasser entwickelt, wie eigentlich zu allen Elementen. Wahrscheinlich da wir innerhalb von zwei Jahren zuerst eine Jahrhundertflut erlebten, im Zuge derer der beschauliche Fluss, der um das Gut herumfließt, zum reißenden Strom wurde. Und dann im Jahr darauf der Sommer derart trocken ausfiel, dass ich eben zum ersten Mal darüber nachdachte, ob der Brunnen, den wir zwar glücklicherweise haben, tief genug reicht, um regelmäßige Dürreperioden zu verkraften. Aber mein Verhältnis zu Wasser besteht nicht nur aus Sorgen, ganz im Gegenteil.

Bei einer der ersten Begehungen kündigten unsere Vorbesitzer an:»Ihr müsst euch auch um das Wehr kümmern, damit der See nicht irgendwann leerläuft.« Okay, klar! Wird gemacht!, antwortest du dann. Aber klar war mir da gar nichts. Welches Wehr? Was heißt das? Warum? Und wieso kann ein See leerlaufen?

Die Erklärung ist letztlich ganz logisch, aber ihr zugrunde liegt ein ganzes System, das es erst einmal zu begreifen galt. Besagter 6000 Quadratmeter großer See wurde künstlich angelegt, vor etwa 200 Jahren. Er speist sich über einen Seitenarm der Urft und hat einen Ablauf in ein Becken, von dem aus ein Wasserrad angetrieben werden konnte. Der See verliert immer ein bisschen Wasser, befüllt sich aber auch ständig mit frischem aus dem Zulauf. An der Stelle, an welcher dieser kleine Seitenarm von der Urft abzweigt, befindet sich das Wehr. Die Urft macht an dieser Stelle eine Kurve und fließt dementsprechend kräftig und leicht abwärts. Das Gefälle reicht hier aus, um einen kleinen Teil des Wassers in den Seitenarm zu leiten, der den See befüllt. Angelegt wurde dieser Seitenarm irgendwann im 19. Jahrhundert von der Familie Inden, die 1906 das Wasserrecht für das Gut beantragte. Aber die Stelle selbst scheint schon ein alter Übergang des römischen Aquädukts gewesen zu sein. Ganz einfach gesagt, befindet sich an der Stelle, an der das Wasser in den Seitenarm stürzt, ein Gitter, das angeschwemmten, groben Unrat abfängt, wie kleinere Äste, Zweige oder Laub. Besonders im Herbst, wenn die Blätter fallen, oder nach starkem Regen schwimmt viel Treibgut in der Urft, das am Wehr hängen bleibt. Dann gelangt weniger Wasser durch den Zulauf und der Spiegel des Sees sinkt. Es gilt also, ins Wasser zu steigen und mit einem groben Rechen das Abfanggitter freizuräumen. Somit reguliert das Wehr den Wasserstand des Sees. Anfangs klang das in meinen Ohren wie eine weitere Aufgabe, die die ursprüngliche Liste von »Ab und an muss man Rasen mähen« um den gefühlt hundertsten Punkt verlängerte. Mittlerweile allerdings hat sich das fast zu meiner Lieblingsaufgabe entwickelt. Ich ziehe meine Wathose an, Gummistiefel mit integrierter Gummilatzhose, stapfe den halben Kilometer am Seitenarm entlang und schaue unterwegs, ob alles in Ordnung oder nicht doch ein Baum umgefallen ist und querliegt. Dann steige ich am Wehr ins Wasser und fische mit dem Rechen den Unrat raus – um mich herum nichts als Wald und das Plätschern der Strömung. Völlig egal, wie viel Stress ich gerade habe, wie viele Tabs im Geiste gerade offen sind, mein Kopf wird sofort frei, während ich den Rechen durchs Wasser ziehe. Neben dem Pumpenhaus, in dem ich Holz hacke, ist das Wehr mein Fitnesscenter geworden. Als Fußballer habe ich viel Sport gemacht, draußen auf dem Platz genauso wie in irgendwelchen Krafträumen. Die Bewegungen, die ich im Wasser mache, sind letztlich auch nur eine Trainingseinheit, bei der ich ordentlich ins Schwitzen gerate und die keinen Selbstzweck darstellt, sondern eine direkte Wirksamkeit hat. Das Wehr ist frei, das Wasser fließt ungehindert und der Wasserspiegel des Sees steigt, wenn ich später wieder zurück bin. Manchmal bleibe ich noch ein bisschen länger, setze mich auf die grobe Sandsteinbank, die der Bildhauer hinterlassen hat, und genieße die Stille um mich. Wenn man mich also gerade nicht findet auf dem Gut, sitze ich vielleicht am Wehr und kriege den Kopf frei. Oder entwickle eine Idee.

Wie die mit der Wasserkraft. Dieses ganze System aus Wehr, Seitenarm, Vorbecken des Sees, der Stausee selbst, der

Ablauf war ursprünglich dazu da, ein Wasserrad oder eine Turbine zu betreiben, um Energie für die Eisenverhüttung zu erzeugen. Das war nichts anderes als ein kleines Wasserkraftwerk. Warum sollten wir nicht versuchen, das wieder zu reaktivieren? Nicht um Eisen zu verhütten, sondern für die Stromerzeugung. Als ich Sara erstmals von meinem Plan erzählte, hielt sie mich für verrückt, wie bei der Sache mit den Trüffeln:»Du kannst doch hier keine Wasserkraftanlage bauen, wie soll das denn gehen? Ich kann mir nicht vorstellen, dass das funktioniert!«

Aber ich war längst von der Idee angefixt und begann, mich damit zu beschäftigen. Immerhin haben wir mit dem Gut das Wasserrecht erhalten, das Recht, Wasser aus der Urft abzuzweigen. Prinzipiell steht der Idee also erst einmal nichts im Weg. Und wir haben gute Voraussetzungen: Entscheidend für die Stromerzeugung sind nämlich die Menge und Fallhöhe des Wassers und beides könnte ausreichen. Natürlich gibt es Unmengen an Auflagen zu beachten. Das Wasser darf beispielsweise nicht zu lange stehen oder erwärmt werden. Hinzu kommt, dass die Kosten für ein solches Projekt stattlich ausfallen. Aber wenn ich eine Idee richtig sinnvoll finde, verfolge ich sie – in dem Punkt stehen Sara und ich uns in nichts nach. Obwohl ihr meine Ideen auf den ersten Blick gelegentlich absurd und größenwahnsinnig vorkommen.

Also ging ich zum Landkreis, wie auch zum örtlichen Energieerzeuger und unterbreitete ihnen folgenden Vorschlag:»Wir besitzen ein altes Gut, auf dem früher Wasserkraft zur Stromerzeugung genutzt wurde. Diese Grundstruktur würden wir gerne wieder nutzbar machen. Habt ihr Lust einzusteigen und auf diese Weise für die Allgemeinheit Energie zu erzeugen?«

Der Energieversorger antwortete tatsächlich sinngemäß:

»Ja, coole Idee. Es gibt eine Genossenschaft, die in so was investiert, vielleicht sollten wir versuchen, sie ins Boot zu holen.« Und die Genossenschaft war tatsächlich interessiert, erstellte eine grobe Kosten- und Nutzenkalkulation, prüfte die Voraussetzungen und die zu erfüllenden Auflagen – mit positivem Ergebnis. Die Genehmigungslage passt und das Ganze ist tatsächlich möglich. Wir müssen einen Teil unseres Grundstücks am Wehr an die Gemeinde verkaufen, damit eine Flussumgehung gebaut werden kann und wir mehr Wasser aus der Urft umleiten können, das allerdings wenig später wieder zurückgeführt wird. So wird sichergestellt, dass immer genügend Wasser in der Urft bleibt, und wir können im Winter, bei höherer Wassermenge, bis zu zehn Kilowatt Strom erzeugen. Wir haben bereits eine Fotovoltaikanlage auf dem Pumpenhaus, und die Wasserkraft ergänzt die Solarenergie zu einem ganzjährigen System. Das Tolle an Wasserkraft ist, dass sie antizyklisch zu Solar funktioniert: Im Sommer erzeugt man mehr Strom durch Sonne, im Winter gewinnt die Wasserkraft an Bedeutung. Wenn sich die Investition durch die Genossenschaft, die ihr Geld in grünem Strom anlegt, amortisiert hat, geht die von ihr installierte Anlage in unseren Besitz über. Das wird vermutlich in etwa zwanzig Jahren der Fall sein. Klar, eine lange Zeit, aber es geht mir nicht in erster Linie um unseren eigenen Nutzen im Hier und Jetzt, sondern vielmehr um die Perspektiven, die daraus erwachsen. Unsere Kinder sind dann in ihren Zwanzigern und haben eine Energieversorgung zur Verfügung, die komplett unabhängig von der Weltlage ist. Bis dahin profitieren wir von geringeren und vor allem konstanteren Stromkosten und tragen zumindest im Rahmen unserer Möglichkeiten dazu bei, saubere, erneuerbare Energie zu produzieren.

Und wenn eines Tages eine kleine Wasserkraftanlage steht, können wir Bildungsprojekte für Schulklassen anbieten, die

Exkursionen zu uns unternehmen und am konkreten Beispiel lernen können, wie alternative Stromerzeugung durch
Wasserkraft funktionieren kann.

Die Flutkatastrophe im Sommer 2021 verzögerte die Planung
allerdings. Die zuständigen Wasserbehörden waren erst
einmal mit ihren Folgen beschäftigt, und die detaillierte
Feinprüfung steht noch aus. Wenn man sich jedoch die Ent-
wicklungen seit Februar 2022 vor Augen führt, scheint es
schwer vorstellbar, dass etwas dagegensprechen könnte. Angesichts der Energiekrise seit Beginn des russischen Angriffs
auf die Ukraine wird sich selbst eine kleine Anlage wie die
unsere wohl eher früher als später rentieren. Angesichts der
dringenden Notwendigkeit, grünen Strom zu produzieren,
schon lange.

Den Wald vor lauter Bäumen doch sehen

Zu weiten Teilen unabhängig sind wir auch in puncto Heizen. Mit Übernahme des Gutes wurden wir nämlich auch
Besitzer von etwa vier Hektar Wald. Welche Herausforderungen und Fragen das wiederum mit sich brachte, hat
schon unser Erlebnis mit dem Baum, der kurz nach unserem
Einzug umfiel, aufgezeigt. Zwar lernten wir dabei, dass die
Schneelast das Problem gewesen war. So weit, so verständlich. Aber wieso betraf das ausgerechnet diesen Baum und
nicht auch andere? Von außen betrachtet, hatte er eigentlich
einen gesunden, stabilen Eindruck gemacht. In logischer
Konsequenz lautete die nächste Frage also: Hätte man das im

Vorfeld erkennen können und wenn ja, wie? Schließlich waren wir nicht unbedingt scharf darauf, in naher Zukunft eine Wiederholung dieser Situation zu erleben, schlimmstenfalls mit weniger glimpflichem Ausgang als ein paar simplen Blechschäden.

Mit dem Waldbesitz haben wir die Verkehrssicherungspflicht für das gesamte Grundstück. Wir müssen sicherstellen, dass die öffentlichen Wanderwege frei sind und keine Bäume darauf stürzen. Der Baum, der mitten im Wald von allein umfällt, trifft keinen. Man kann hingehen, ihn zersägen und rausholen oder einfach auch den Käfern schenken. Doch der Baum, der auf den öffentlichen Weg fällt, stellt ein Problem dar. Bäumen ist zwar oft anzusehen, wenn sie kaputt sind, aber es bleibt schwer abschätzbar, ob und in welche Richtung sie fallen. Fest steht: Solche Kompetenzen kannst du dir nicht anlesen. Die baust du nach und nach auf, und zwar durch Leute, die sich damit auskennen. Dazu gehören der Förster und in unserem Fall der Nationalparkranger der Gegend. Diese Menschen sind enorm wichtig und von unschätzbarem Wert für uns.

Auch um zu erfahren, wie wir den Wald möglichst nachhaltig bewirtschaften können. Denn wir wollten, wie ihr wisst, die Heizsituation auf dem ganzen Gut möglichst auf Holz umstellen. Bis dahin waren alle Gebäude einzeln beheizt worden – mit einem kruden Mix aus allen möglichen Brennstoffen: Gas, Heizöl und Strom. Das wollten wir auf jeden Fall ändern. Unsere Wahl fiel dementsprechend auf eine zentrale Holzvergaseranlage, mit der wir inzwischen alle Häuser gleichzeitig beheizen können. In Kombination mit einem Holzpelletkessel im Keller des Haupthauses, der unterstützend einspringt, wenn die Wärmeleistung des Holzes nicht ausreicht oder wir nicht zu Hause sind und den Holzvergaser nicht zweimal täglich befüllen.

Weil das Heizen mit Holz zu den erneuerbaren Energie-quellen gehört und moderne Holzvergaser emissionsärmer verbrennen, konnten wir uns die Umrüstung der alten Heizsysteme staatlich fördern lassen. Dank der Bundesförderung für den Austausch alter Ölheizungen blieben uns 45 Prozent der Kosten für die Umbaumaßnahmen erspart.

Im Frühjahr 2021 legten wir mit der Installation los. Dafür mussten wir eine riesige Baustelle in Kauf nehmen. Das halbe Gut wurde aufgebaggert, alle Wege zwischen den Gebäuden waren buchstäblich aufgerissen, um Heizungsrohre vom zentralen Vergaser im Pumpenhaus zu den einzelnen Bauten zu verlegen und eine Verbindung mit der Pelletkesselheizung im Keller des Haupthauses herzustellen. Aber dieser riesige Aufwand hat sich gelohnt, wir können jetzt über eine Stelle alle Gebäude zentral ansteuern und beheizen. Je nach Jahreszeit, Bedarf und Belegung natürlich. Auf diese Weise verbrauchen wir keinen Tropfen Erdöl oder Erdgas mehr, wenn ein Heizkörper aufgedreht wird. Für den extra Wärmeeffekt stehen in fast allen Häusern noch Kaminöfen, die man individuell anheizen kann.

Das Holz nehmen wir aus unserem Wald und ergänzen mit gekauften Pellets. Laut Förster können jährlich 30 bis 40 Raummeter an Bäumen gefällt werden, damit sich der Wald von selbst regeneriert und der Bestand konstant bleibt. Allerdings hat uns ein eher trauriger Grund in den letzten beiden Jahren einen Überschuss an Holzvorrat beschert. Wie überall bereitete auch hier das massive Auftreten des Borkenkäfers vielen Fichten ein vorzeitiges Ende. Die zunehmende Bodentrockenheit der letzten Jahre und der Klimawandel bildeten die perfekte Grundlage für eine regelrechte Borkenkäferepidemie. Ist ein Baum einmal befallen, ist er nicht mehr zu retten und stirbt ab. Es galt also zusätzlich, einen Haufen Fichten zu fällen. Fast 100 Raummeter Holz. Glück im Unglück. Das soll nicht zynisch klingen, aber spätestens der nächste Sturm hätte sie ohnehin entwurzeln und umgefegt, es macht also Sinn, auch aufgrund der Verkehrssicherungspflicht, dem kontrolliert zuvorzukommen.

Das Fichtensterben hat sich in den letzten Jahren überall zu einem riesigen Problem entwickelt. In der Eifel steht Gott sei Dank ein relativ gesunder Mischwald, in dem sich der Borkenkäfer nicht vollständig ausbreiten kann. Ein reiner Fichtenwald, in dem der Käfer ungehindert wüten kann, kommt in der Natur eigentlich auch gar nicht vor. Allerdings liefern diese Bäume schnell wachsendes Holz für den Markt und wurden deswegen massenhaft in Monokultur angepflanzt, gerade auch im Osten Deutschlands. Mit dem Klimawandel und der Trockenheit verkehrt sich diese vermeintlich gute Idee ins Gegenteil. Das Försterlatein »Willst du den Wald vernichten, pflanze Fichten!« bewahrheitet sich zusehends.

In Gegenden wie dem Harz musste in den letzten Jahren großflächig Wald gerodet werden. Dieser Kahlschlag ist zwar notwendig, erfordert aber in Folge mühsame und langfristige Aufforstung – mit einem natürlichen und widerstandsfähigen Baumbestand. Auch dabei gilt: Vielfalt bedeutet immer Gesundheit. Der Vorschlag, den die Natur aus sich heraus macht, ist immer sinnvoll und nachhaltig. Das menschliche Streben nach Ertragsoptimierung macht allerdings verlässlich einen Strich durch diese wohl sortierte Rechnung. Die Folgen unserer – oft idiotischen – Eingriffe zeigt sie uns immer wieder auf. Wie im Fall der Borkenkäferepidemie. Es ist dramatisch, dass so viel Waldfläche gerodet werden muss, aber aus Sicht der Natur handelt es sich dabei um eine Korrektur zurück in einen gesünderen Zustand. Denn der Borkenkäfer hat wenig natürliche Feinde in unseren Breitengraden. Erst langsam beginnen sich die ersten Vögel für ihn zu interessieren. Uns bescherte dieser Umstand erstmalig auch eigenes Nutz- und Bauholz. Wir konnten es uns erlauben, nicht nur Feuerholz zu machen, sondern ein mobiles Sägewerk auf das Gut zu bestellen, mit dem aus einem Teil der Fichten Bauholz gesägt wurde. Die Bohlen und Bretter können wir für zukünftige Ausbauarbeiten nutzen und die Kinder bekommen das Hochbett, das sie sich wünschen.

So anstrengend es ist, jedes Jahr 30 bis 40 Raummeter Holz zu fällen, zu lagern und die getrockneten Stämme aus den Vorjahren zu sägen, zu spalten und zum Heizen aufzustapeln, so viel Spaß machen unsere Holzaktionen mittlerweile auch. Seit wir das erste Mal »Urlaub gegen Hand« ausprobiert haben, sind wir Fans dieser Idee geworden. Wir nutzen unsere Reichweite auf Instagram und bieten Kost und Ferienhaus gegen Hilfe an. Vormittags wird unter fachmännischer Anleitung gearbeitet und nachmittags kann man die Füße am Kamin hochlegen oder die strapazierten Muskeln in der Badewanne mit Blick auf den Garten entspannen. Man braucht keine Vorkenntnisse, nur die Lust, ein bisschen körperlich zu schuften. So lernen wir auch neue Menschen kennen und schätzen, die sich einen Urlaub im Ferienhaus nicht leisten könnten oder einfach Lust haben, statt im Fitnessstudio mal ein paar Tage im Wald zu schwitzen. Alle packen mit an, Saras Vater steht an der Wippsäge, ich fahre mit dem kleinen Traktor hin und her, mein Sohn Max schleppt nach Kräften Holzscheite und dieser gemeinschaftliche Akt beflügelt den schweißtreibenden Arbeitseinsatz. Allein wäre das kaum zu schaffen, aber so teilen wir Arbeit und schöne Erlebnisse miteinander. Eine meiner Arbeitskolleginnen hat mit ihrem Mann ihre Hochzeit bei uns auf dem Gut gefeiert und uns bei anfallenden Aufgaben geholfen. Es kommt aber manchmal auch vor, dass sich Leute aus dem Dorf der Holzgang anschließen, einfach so, ohne Gegenleistung.

Es ist schön, zu sehen, wenn auch Menschen aus der Gegend sich mit uns verbunden fühlen, das Wagnis hinter dem Weg sehen, den wir eingeschlagen haben, und uns auf diesem unterstützen wollen. Vielleicht weil sie merken, dass wir nicht die Kategorie der Zugezogenen sind, deren Vorstellungen vom Landleben sich romantischer Klischees bedienen. Weil sie sehen, dass wir gekommen sind, da wir genau dieses Leben hier, mit all seinen Ecken und Kanten, leben wollen und uns den Weg nicht mit Geld frei schießen, kein abgekapseltes Luxusresort bauen oder das Gut langsam verfallen lassen, weil wir nur ein bisschen abgeschiedene Erholung am Wochenende oder im Sommer suchen. Wir wollen erhalten und verbessern, das Gut nachhaltig weiterentwickeln und uns vor allem auch öffnen, gegenüber den Menschen vor Ort, nicht nur für zahlende Gäste.

Die letzten beiden Generationen an Vorbesitzern haben ein ganz anderes Modell gelebt. Man blieb sehr für sich und pflegte wenig Kontakt nach Urft oder in die umliegenden Dörfer. Die Abgeschiedenheit des Guts verführt auch schnell dazu, aber für uns funktioniert das nicht. Wir sind nicht hierhergekommen, weil wir uns zurückziehen wollten oder ausklinken und unser eigenes Ding machen. Wir sind uns sehr bewusst darüber, dass wir keine Erfahrung mit all den Dingen haben, die dieses Leben täglich von uns fordert. Beginnend mit dem Moment, an dem der Baum eines Maitages umfällt und ein paar Jungs aus dem Dorf kommen und uns helfen, das Übel zu beseitigen, fortgesetzt mit der Unterstützung von Förster und Parkranger.

Und darin besteht ein ganz wesentlicher Punkt, der gerne vergessen wird, aber dem Konzept Selbstversorgung eigentlich eingeschrieben ist. All diese Aufgaben sind allein nicht zu bewältigen. Wir, ob auf dem Gut oder auch als Gesellschaft insgesamt, müssen lernen, uns mit der nötigen Erfahrung und Hilfe zu versorgen. Wir müssen kommunizieren, Menschen treffen, die uns unter die Arme greifen und ihre Erfahrungen teilen. Uns sind seit Beginn dieses Projektes so viele Menschen begegnet, die wahnsinnig wertvoll für uns sind und uns mit ihrem Wissen bereichert haben. Wenn du beginnst, deine Probleme und auch deine Ideen zu teilen und offen damit umgehst, dass du auch mal etwas nicht weißt, inspirierst du Menschen, dir zu helfen.

Das fängt an, wenn man im Dorf über dieses oder jenes Problem spricht, weil irgendwer irgendwen kennt, der eine Lösung haben könnte oder etwas über das Gut weiß. Und geht weiter bei Instagram und anderen Formen von Öffentlichkeit. Wichtig ist, die Ruhe zu bewahren: Es wird jemand kommen, der die Lösung weiß, oder dich ihr zumindest wieder einen Schritt näher bringt. Wenn du dich nicht einbuddelst mit deinen Sorgen, ziehst du früher oder später die richtigen Menschen an. Wenn sich die Chance dann ergibt, darfst du nicht zu passiv bleiben: Die Kunst besteht darin, Menschen einzubinden und dadurch zu inspirieren. Und dankbar zu sein für jede Person, die dafür sorgt, dass wir hier wieder ein bisschen mehr zurechtkommen.

Auf der Suche nach mehr Unabhängigkeit und Selbstversorgung fanden wir etwas viel Wesentlicheres: Gemeinschaft. Und das bringt uns auch immer wieder an den Punkt des Gebens und Nehmens. Momente, an denen wir uns fragen, was wir einbringen können in die Gemeinschaft, die uns aufnimmt. Sich über die eigenen Kompetenzen und Stärken bewusst zu werden, bildet die Grundlage dafür, anderen Hilfe und Unterstützung zu sein. Was steht in unserer Macht?

Manchmal sind es kleine Dinge, zum Beispiel den Sankt-Martins-Umzug durchs Dorf bei uns auf dem Gut am großen Lagerfeuer enden zu lassen, und manchmal größere: Nach der Flutkatastrophe schwappte uns eine Welle der Hilfsangebote über Instagram, unsere Kölner Anbindung und unsere Rolle als Vermieter entgegen. Wir bemerkten, dass wir eine ganz andere Reichweite hatten als viele der Menschen im Dorf, die es viel härter getroffen hatte als uns. Tatkräftige Hilfe nahmen wir gerne, aber darüber hinaus erreichten uns auch viele Spendenangebote, die wir selbst nicht in Anspruch nehmen wollten, wohl wissend, dass manche unserer Nachbarn ihr gesamtes Hab und Gut verloren hatten. Also gründeten wir gemeinsam mit Fabian, dem Ortsvorsteher, ähnlich einem Bürgermeister, einen Dorfverein für Urft, richteten ein Spendenkonto ein und baten alle Spendenwilligen aus unserem Netzwerk, statt an uns doch bitte dorthin zu überweisen. Dadurch konnte ich unter anderem schnell ein paar Gebäudetrockner mieten und im Dorf verteilen. Langfristig helfen die Spenden, finanzielle Löcher bei Betroffenen zu stopfen, die von den Fluthilfen nicht abgedeckt werden. Über meine Fußballvergangenheit konnten wir ein Spendenevent auf dem Fußballplatz in Marmagen organisieren, ein Promi-Elfmeterschießen, dessen Erlös auch auf das Spendenkonto ging. Wenn jeder tut, was in seiner Macht und Hand liegt, lassen sich gemeinschaftlich die meisten Probleme lösen – wir hängen eben doch alle zusammen.

Gut Neuwerk aus der Vogelperspektive

Unser Permakulturgarten im Mai 2023, im Hintergrund sind der Wald, der Hühnerstall und das Atelier mit Anlehngewächshaus zu sehen.

Drei Generationen bei der Gartenarbeit: Opa Karl-Heinz und Sara mit Baby Michel auf dem Rücken

Zum Glück wurde niemand
verletzt: Kurz nach unserem
Einzug im Mai 2019 fiel der
Baum auf die parkenden Autos,
während wir friedlich beim
Frühstück saßen.

Bauarbeiten auf Gut Neuwerk
aus sicherer Entfernung: Michi,
Max und Romy beobachten vom
Esszimmer aus, wie die neuen
Heizungsrohre verlegt werden.

Vorfreudige Gartenplanung
im Winter: Was wollen wir
im nächsten Jahr anpflanzen
und ernten?

Bunte Freude: Ernteausbeute
mit Möhren, Zucchini, Kohl,
Sojabohnen, Roter Beete, Rettich,
Salat und vielem mehr

Kleine Erntehelfer: Romy beim Apfelpflücken

Max weiß: Am besten schmeckt das Gemüse, hier der Zucker- mais, frisch aus dem Garten.

Tierische Mitbewohner auf
Gut Neuwerk: von Vierbeinern
wie Schafen ...

... bis hin zu gefiederten
Freunden wie Henne Agnes und
ihren frisch geschlüpften Küken

Im Garten verstecken sich weitere Tiere wie diese kleine Kröte.
Während anfangs die ersten
unerwarteten Begegnungen noch
für leichten Schrecken sorgten,
sind sie inzwischen ganz selbstverständlich für uns.

Die Auswirkungen der Jahrhundertflut im Juli 2021: der Blick aus dem Rundbogenfenster des Ateliers auf den weggeschwemmten Garten

Die Überreste des Gewächshauses, das die Flut weggerissen hat: Nur mehr das Dach blieb übrig.

Michi bei der Arbeit im neu angelegten Permakulturgarten, nach der Flut: Der Spargelgraben muss neu ausgehoben werden.

Kunst auf Gut Neuwerk: Blick ins Künstleratelier von Opa Karl-Heinz im Pumpenhaus

Michel auf Erkundungstour: Ausblick vom Ende des Sees bis Gut Neuwerk

Federn lassen

Die Flutkatastrophe

Wann genau das Wasser damals anfing, so blitzartig zu steigen, kann ich rückblickend gar nicht genau sagen. Es regnete seit Tagen heftig, fast ohne Unterlass, aber die Urft hatten wir an diesem 14. Juli 2021 gar nicht als Bedrohung auf dem Schirm.

Der Regen war so stark, dass zunächst der Keller vollzulaufen begann, weil bei den Bauarbeiten zur Heizungserneuerung kurz zuvor ein Ablaufrohr beschädigt worden war. Ich war besorgt um die nagelneue Pelletheizung und eine der Kellerwände, die erst ein paar Tage vorher frisch gemauert worden waren. Damit die Wassermassen sie nicht direkt wieder eindrückten, versuchte ich ab dem Nachmittag mit zwei kleinen Pumpen gegen das Wasser anzukämpfen. Saras Mutter Angi half mir und wir pumpten stundenlang in vollgelaufenen Gummistiefeln das Wasser ab und kämpften buchstäblich gegen den Regen, der einfach nicht aufhören wollte. Ebenso spontane wie willkommene Unterstützung erhielten wir von unserem Freund Borwin aus Marmagen. Saras Vater war am Vormittag noch in zahnärztlicher Behandlung bei ihm gewesen. Als Borwin sich einige Stunden später telefonisch nach dem Befinden seines Patienten erkundigen wollte und hörte, was bei uns los war, zögerte er keine Sekunde, kämpfte sich erst mit dem Auto bis zum Parkplatz vor unserer Auffahrt und dann das letzte Stück zu Fuß durch den strömenden Regen bis zum Gut.

Gegen 18 Uhr, glaube ich, fiel der Strom aus und es wurde schlagartig leise. Die Pumpen hatten die ganze Zeit einen wahnsinnigen Lärm gemacht, der plötzlich erstarb. Da hörten wir dieses laute Rauschen, durch den schüttenden Regen. Wir gingen in Richtung des Geräusches, um nachzuschauen, und sahen den reißenden Strom, der durch das Tal schoss, siebzig, achtzig Meter breit und bestimmt vier Meter hoch. Das Wasser reichte bereits bis an die Mauer der Schafswiese. Sara übergab die Kinder an ihre Eltern und wir eilten gemeinsam mit Borwin runter zum Garten.

Aber da war kein Garten mehr, nur Wasser. Bei diesem Anblick rasten meine Gedanken. Alles kaputt! Mein ganzer Garten! Nach dem ersten Schock setzte der Handlungsimpuls ein: Okay, was ist als Erstes zu tun? Borwin war mir an dieser Stelle bereits einen Schritt voraus. Ohne großes Federlesen stürzte er sich direkt in die Fluten, um den Schafen, die schon bis zum Bauch im Wasser standen, zur Rettung zu eilen. Selbst mit seinen zwei Metern Größe schaffte Borwin es nicht, die Schafe aus der Gefahrenzone zu tragen. Halb schwimmend gelang es ihm, sie auf halbwegs trockenen Grund zu bugsieren. Anschließend trieben wir sie auf die Wiese vor dem Atelier, damit sie in ihrer Panik nicht auch noch weglaufen konnten. Dann wateten wir durch den überschwemmten Garten zum Hühnergehege, das unter dem Druck des Wassers bereits kaputt gegangen war. Borwin voran, begannen wir, die Hühner einzeln rauszuholen und in eine der Pferdeboxen zu bringen, in der Heuballen lagen, auf denen sie oben sitzen konnten.

Nach ein paarmal hin und her wurde es allerdings zu gefährlich, denn das Wasser stieg rasend schnell, auch an den sicher geglaubten Pferdeboxen. Mittlerweile wurde es immer dunkler und der Strom war noch immer ausgefallen. Wir trieben die Schafe auf die Eselwiese, die höchstgelegene Stelle des Guts, und holten die Hühner wieder einzeln aus der Pferdebox und brachten sie in den Festsaal. Als ich zum Schluss den Hahn holen wollte, stand das Wasser schon einen Meter hoch an den Türen der Box und Michi hielt mich zurück: »Sara, das ist viel zu gefährlich, du kriegst die Tür gar nicht mehr auf. Wir müssen den Hahn drin lassen.« Selbstverständlich hatte er recht, aber ich war so im Schockmodus, dass ich dachte: Ich kann doch den Hahn nicht da drin lassen. Wenn der Heuballen aufweicht und in sich zusammenfällt, hat er keine Chance. Aber ich musste ihn wohl oder übel seinem Schicksal überlassen und mich in Richtung Haus zurückziehen. Zu diesem Zeitpunkt machte sich auch Borwin, gerade noch rechtzeitig, auf den Heimweg.

Weil wir das Gefühl hatten, irgendetwas tun zu müssen, versuchten Michi und ich die Gullis freizuhalten und provisorische Schutzwälle zu errichten, leider nur Verzweiflungstaten, die nichts brachten.

Irgendwann stand fest: Wir müssen kapitulieren. Zurück im Haus, versuchten wir herauszufinden, was überhaupt los ist. Doch nichts funktionierte mehr. Kein Telefon, kein Internet, wir waren komplett abgeschnitten und hatten keine Ahnung, was geschah und noch geschehen würde. Wir suchten sämtliche Kerzen im Haus zusammen, damit wir wenigstens Licht machen konnten und fanden Gott sei Dank noch einen halben Liter Wasser in einer Kanne. Aus der Leitung kam nichts mehr, da die Pumpe mit Strom betrieben wird, und über ein Notstromaggregat verfügten wir damals noch nicht. Klar war sofort, das Wasser bleibt für die Kinder, Michel war da gerade erst ein Jahr alt. Wir Erwachsenen müssten im Notfall eben die Biervorräte leeren. Irgendwann gegen elf, halb zwölf entschieden wir dann doch, ins Bett zu gehen, weil wir ohnehin nichts mehr ausrichten konnten gegen das, was draußen geschah. Jede Stunde stand einer von uns auf, um zu überprüfen, wie hoch das Wasser aktuell stand und ob es auch für uns im Haus bedrohlich werden könnte. Um zwei Uhr war der Pegelstand endlich gesunken und wir konnten uns noch ein wenig ausruhen.

Nach einer unglaublich unruhigen Nacht trat ich am nächsten Morgen aus der Haustür, bei strahlendem Sonnenschein, der sich angesichts der Ereignisse wirklich wie ein schlechter Scherz anfühlte – und auf einmal begann es aus der Pferdebox empört zu krähen. Welch Glück, der Hahn hatte überlebt! Und Lotti, ein Huhn, das wir nicht geschafft hatten in den Festsaal zu bringen, kam total zerzaust den Weg lang gewackelt. Keine Ahnung, wie sie die Nacht überlebt und dann auch noch nach Hause zurückgefunden hat. Es musste ein Abenteuer gewesen sein. Die verbliebene Schar inklusive Lotti und Hahn verbrachte danach fast drei Monate Urlaub auf dem Bauernhof. Ein befreundeter Bauer brachte sie bei sich unter, bis wir die Folgen der Flut halbwegs beseitigt und ein neues Gehege für die Rasselbande gebaut hatten.

Während Sara zu Hause die Stellung hielt, habe ich mich morgens ins Auto gesetzt, um nach Urft zu fahren. Wir hatten ja keinerlei Kontakt zur Außenwelt und wussten überhaupt nichts. In dem Moment ging ich noch davon aus, dass es uns vielleicht am schlimmsten getroffen hatte. Als ich aus dem Waldweg kam und links ins Dorf abbiegen wollte, wusste ich, wie falsch ich lag. Das Erste, was ich sah, war das Feuerwehrauto. Es lag auf dem Dach, vor dem Bahnhof und drum herum ragten die Gleise in die Luft. Und dann sah ich, wie sich an einem Haus am Ortseingang die Balkontüre öffnete. Aber da war kein Balkon mehr. Ein Mann stand da und starrte ins Nichts. Das war der Moment, in dem das Gefühl der Ohnmacht und des Ausgeliefertseins endgültig in mir hochstiegen. Ich saß im Auto, starrte auf den Mann, der wiederum ins Nichts starrte, und konnte die Tränen nicht mehr halten. Ich verstand überhaupt nichts.

Und das würde ich auch erst einige Zeit später:

Ein heftiges Starkregengebiet zog Mitte Juli 2021 über den Westen Deutschlands, mit bis zu 200 Litern Niederschlag pro Quadratmeter innerhalb von zwei Tagen. Das bereits sehr nasse Frühjahr und der verregnete Sommer hatten die Böden gesättigt. Sie konnten kein Wasser mehr aufnehmen, was die Flüsse anschwellen ließ und zu dieser Jahrhundertflut führte, der schlimmsten Naturkatastrophe in Deutschland seit fast 60 Jahren.

Die gigantischen Wassermassen, die aus den Mittelgebirgen der Eifel schossen, verwüsteten Städte und Dörfer. Die Kanalisation lief über und drückte zusätzlich Wasser an die Oberfläche, Umspannwerke mussten abgeschaltet werden, Telefonmasten knickten um wie Streichhölzer. Auch durch Urft schoss ein gigantischer Strom und zerstörte zahlreiche Häuser, die Bahnstrecke, riss Bäume, Balkone, Autos, Öltanks mit sich. Aus dem umgestürzten Löschfahrzeug der Feuerwehr Wahlen, das zu Hilfe geeilt war, konnten sich alle Insassen in letzter Sekunde retten. Dieses Glück hatten nicht alle. Insgesamt verloren mehr als 230 Menschen in den betroffenen Gebieten ihr Leben, unzählige ihr komplettes Hab und Gut. Bilder von verzweifelten Menschen, die auf den Dächern ihrer Häuser auf Rettung harrten, geisterten durch die Medien, Fragen wurden gestellt, Erklärungen gefordert, Menschen traten von ihren Ämtern zurück. Alle

Frühwarnsysteme hatten versagt. Die Flutwelle war einfach über uns hinweggerollt. Und über unzählige Existenzen noch viel verheerender.

Ich nahm die Straße, die noch passierbar war und schlug mich durch, bis mein Handy ein paar Kilometer später auf einer Anhöhe endlich die erhofften Balken anzeigte. Ich hatte Empfang. Da kamen mir noch mal die Tränen. Diesmal allerdings nicht aus Ohnmacht und Entsetzen. Denn auf meinem Telefon ploppten von überall Hilfsangebote auf. Zahlreiche Nachrichten hatten uns innerhalb weniger Stunden auf Instagram, per Mail und Telefon erreicht. So viele Menschen wollten uns helfen. Nicht nur unsere Familien- und Freundeskreise, auch ehemalige Gäste und völlig Unbekannte, die uns auf Instagram folgten oder einen Bericht über uns gesehen hatten. Selbst Wildfremde fühlten sich mit uns und dem Gut verbunden, weshalb sie ihre helfenden Hände anboten. Weil sie Anteil nahmen, an uns, an unserer Geschichte. Das fühlte sich ein bisschen beschämend an, da so viele Menschen Hilfe benötigten und wir vergleichsweise glimpflich davongekommen waren, aber es gab in diesem Moment auch unglaublich viel Aufwind und Zuversicht.

Und so konnten wir drei Tage nach der Flutnacht eine erste große Aufräumaktion auf dem Gut organisieren. An jenem Samstagmorgen stand plötzlich, neben vielen anderen, auch eine Gruppe Männer aus dem Dorf auf dem Hof samt Kettensägen. Sie fragten, was zu tun sei. Wo die Schubkarren wären? Wir kannten sie damals nicht mal, aber das war völlig egal. Sie standen da, wild entschlossen, und erklärten: »Heute räumen wir Gut Neuwerk auf.« Sie zogen einfach herum, halfen Menschen bei den ersten, groben Aufräumarbeiten und hatten mitbekommen, dass bei uns an diesem Tag eine

Aufräumaktion stattfand. Die Welle der Dankbarkeit, die mich durchströmte, für diese Solidarität, selbst mit uns Zugezogenen, gehört auch zu diesen verrückten Tagen. Insgesamt fanden sich an diesem Morgen 60 Menschen ein, um freiwillig zu helfen. Das war der Wahnsinn. Bekannte und Unbekannte, darunter ein Paar, das im Spätsommer seine Hochzeit bei uns im Festsaal feiern wollte und deswegen kurzerhand mit anpackte. Das war so ein positiver Hoffnungsschimmer in dem ganzen Schlamassel, das uns an unsere Grenzen gebracht hatte. Mein Arbeitskollege aus dem Gastro-Team des FC brachte Verpflegung und kochte ununterbrochen für alle. Es gelang an diesem Wochenende, die gröbsten Schäden zu beseitigen und einen Boden zu schaffen, für die anstehenden Arbeiten der nächsten Wochen und Monate. Und auch selbst wieder einen Boden unter die Füße zu bekommen, das Gewusel an Helfenden zu sehen und zu fühlen, dass es weitergeht: Weil Menschen uns dabei unterstützen. Sich so mit unserer Reise verbunden fühlen, dass sie auch die Tiefen mit uns gehen. All diese Menschen, die Jungs aus dem Dorf, die unzähligen helfenden Hände während des Arbeitseinsatzes gaben uns die Zuversicht, die Situation zu bewältigen.

Genauso wie der Kaffee in Kannen, den unser Ortsvorsteher Fabian am Tag nach der Flut vorbeibrachte. Eine kleine, so wichtige Geste. Kaffee hat bekanntlich schon immer beim Durchhalten geholfen. Und das mussten wir. Mit drei kleinen Kindern ohne Strom und fließendes Wasser.

Aus dem Dorf wurden wir zwar kartonweise mit Wasserflaschen versorgt, aber ich brauchte schnell einen Stromgenerator, um die Wasserpumpe wieder in Gang zu bringen. Über Freunde von Freunden war es mir wie durch ein Wunder gelungen, noch am Tag nach der Flut einen Stromgenerator ausfindig zu machen, den ich in Düren abholen konnte.

Als wir die Pumpen an den Generator angeschlossen hatten, merkten wir, dass der ganze Brunnen mit Schlamm zugelaufen war. Es hieß also erst einmal, das Dreckwasser so weit wie möglich abzupumpen, den Schlamm aus dem Brunnen zu schaufeln, wieder zu pumpen und so fort, bis der Schlamm schließlich beseitigt war. Gott sei Dank kam der Strom zwischenzeitlich zurück, weil der Hauptstrommast, der halb gekippt war, immerhin notdürftig gesichert werden konnte. Nach einer Woche hatten wir schließlich wieder fließendes Wasser für die Toiletten und zum Waschen, allerdings wussten wir nicht, ob es auch trinkbar war wegen des ganzen Schlamms und der Gefahr, dass das Grundwasser belastet war.

Die Folgen einer solch heftigen Flut sind ja nicht damit gebannt, dass das Wasser wieder weg ist. Leitungen von Ölheizungen wurden beschädigt, Öltanks fortgerissen und aus Autowracks liefen Kraftstoffe aus. Chemikalien aus Industrie- und Gewerbegebieten gelangten in die Umwelt und bedrohten die Wasserqualität. Bis die ersten offiziellen Informationen vorlagen, hatten wir lauter Szenarien im Kopf. Deshalb schickten wir eine Wasserprobe ein, die Entwarnung für unser Grundwasser gab. Unsere Lage mitten im Naturschutzgebiet hat das Schlimmste verhindert, aber je weiter flussabwärts die Gebiete lagen, desto betroffener waren sie auch in dieser Hinsicht von den Folgen des Geschehenen.

Als Michi zumindest die Grundversorgung wieder in Gang gebracht und wir uns etwas gesammelt hatten, verschafften wir uns einen Überblick über die Schäden. Das Wasser war meterhoch über die Wiese und den Garten gerauscht, hatte das Gewächshaus, den Unterstand der Schafe und den Hühnerstall zerstört und überall metertiefe Löcher in den Boden geschlagen, eins davon gut zwei Meter tief. Mein ganzer Garten war dem Erdboden gleichgemacht, überall lag Treibgut: angespülte Bäume, Müll, Gartentore. Im recht tief gelegenen Ateliergebäude bedeckte eine Schlammschicht den Boden, die rasch beseitigt werden musste, bevor sie zu einer Art Zement trocknete. Schon nach einem kurzen Überblick stand fest: Die Neuanlage des Gartens und die Reparaturen würden Monate in Anspruch nehmen. Wie viel Glück im Unglück wir dennoch hatten, war uns bewusst. Im Vergleich zu unzähligen anderen waren wir wirklich glimpflich davongekommen und hatten darüber hinaus als Teil unserer Gebäudeversicherung auch eine umfassende Elementarversicherung abgeschlossen gehabt, die die Schäden vermutlich übernehmen würde. Aber selbst die Dankbarkeit und Erleichterung darüber löst keine Wellen der Euphorie aus, nach dem Schock eines solchen Ereignisses und dem angespannten Survival-Modus, in dem man tagelang ohne Wasser und Strom *funktioniert*.

Mit irgendetwas Unvorhergesehenem konfrontiert dich die Natur immer, das war uns längst bewusst. Wenn ein Baum umfällt, hat man es manchmal einfach nicht in der Hand. Deswegen wirst du nicht entscheiden, alle abzuholzen und keinen mehr zu pflanzen, nur um die Kontrolle zurückzugewinnen. Es gehört zum Leben in der Natur, dass ihr ein Stück weit ausgesetzt zu sein und zu akzeptieren, manches nicht unter Kontrolle zu haben. Zu lernen, mit Unkalkulierbarem zu rechnen. Aber diese Flut war eine völlig neue Kategorie. Plötzlich stehst du da und realisierst: Da kommen Kräfte auf dich zu, gegen die du absolut nicht ankommst. Keine Technik der Welt kann sie aufhalten.

Dieses Gefühl des Ausgeliefertseins kann einen ganz schön in die Knie zwingen. Unter dieser Last nicht einzuknicken, sondern sie abzuschütteln und über sich selbst hinauszuwachsen, ist leichter gesagt als getan. Wo nimmst du die Energie dafür her, alles anzupacken und wiederaufzubauen, wenn dir die Panik noch tief in den Knochen steckt? Du dich zwischendrin verfluchst und wünschtest, alles anders gemacht zu haben?

Auch für mich waren es die unglaubliche Unterstützung und Solidarität unbekannter und vertrauter Menschen, die mir die Kraft gaben, weiterzumachen. Es würde zwar noch Wochen und Monate dauern, allein den Garten neu anzulegen, aber wir würden es tun. Und zwar noch besser. Vor der Flut hatte ich irgendwann beiläufig zu Michi gesagt: »Mein Garten ist wunderschön, für mich ist es der schönste Garten der Welt. Aber wenn ich ihn noch mal anlegen könnte, würde ich ein paar Sachen anders machen, mit der Erfahrung, die ich jetzt gewonnen habe.« Und glaubt mir, dass es *so* kommt, hätte ich wirklich gerne verhindert, doch am Ende hatte ich die Chance. So traurig der Anlass war, so viel habe ich dazugelernt bei der Neuanlage des Gartens.

Deswegen kann man mit den kleinen und großen Katastrophen auch leben, da sie einem auch auf gewisse Art dabei helfen, dass die Reise weitergeht. Deutlich machen, wie elementar es ist, sich gemeinsam mit dem Ort zu entwickeln. Zu merken, was stimmig ist und was nicht. Und da gehören schwierige Momente und Extremsituation dazu. Die Flut hat uns eine Sache wirklich noch einmal gelehrt: Auf einem Südafrika-Urlaub vor vielen Jahren besuchten wir eine Farm, und während der Besitzer uns herumführte, sagte er viele kluge Dinge. Ein Satz blieb uns besonders im Gedächtnis: »Wenn ihr euch jemals ein Haus kauft, dann kauft das älteste am Platz, denn dass es genau da errichtet wurde und immer noch steht, hat seine Gründe.«

Darauf kommt man erst mal nicht. Aber dass Gut Neuwerk relativ verschont blieb von der Flut, liegt an der verdammt cleveren Anlage. Das Gut liegt so, dass die Wucht des

Wassers sich auf der dem Grundstück gegenüberliegenden Seite entlädt, wenn die Urft über die Ufer tritt. Deswegen haben wir *nur* das Schwemmwasser abbekommen, das noch Kraft genug hatte, um den Garten plattzumachen, aber die eigentliche Wucht der Urft schoss an uns vorbei in Richtung Dorf. Das hat vor Hunderten von Jahren jemand sehr umsichtig geplant, ganz ohne Luftbildtechnik oder ähnliche heutige Hilfsmittel. Rein durch Ablaufen des Gebietes und sorgfältige Beobachtung der Natur. Damals dachte man prinzipiell nachhaltiger und umfassender über Bebauung nach und nahm sich dementsprechend auch mehr Zeit. Das Ziel war, für die Ewigkeit zu bauen. Wenn um uns kein Naturschutzgebiet wäre, würden mittlerweile auch zahllose Häuser an der Urft stehen. Attraktive Wassergrundstücke. Früher hätte man gesagt: Bist du bescheuert, du kannst doch kein Haus ins Auflaufbecken neben einem Fluss setzen, in den Überflutungsbereich hinein! Das lässt das kapitalistische Interesse am Bauen inzwischen aber kaum noch zu. Es wird gemacht und fällt den Leuten heute oftmals schmerzhaft auf die Füße.

Auch ich, Michi, habe während der Flut die Quittung dafür bekommen, an einer kleinen Stelle ins wohlüberlegte Gefüge des Guts eingegriffen zu haben. Um mir die Arbeit zu erleichtern, haben wir einen Durchbruch in der Natursteinmauer gemacht, die das Gut von der tiefer gelegenen Schafswiese abgrenzt. Damit ich das Brennholz auf der Wiese lagern kann, wo es mehr Sonne abbekommen und schneller trocknen würde. Das schien mir effizient, und als wir gerade die Heizungsrohre verlegten und sowieso Bagger und schweres Gerät vor Ort hatten, haben wir kurzerhand die Gelegenheit genutzt. Und genau dieser Mauerdurchbruch war natürlich ein Einfallstor für das Wasser der Flut. Ohne diese Lücke hätte das Wasser das Atelier vermutlich weniger getroffen. Mein *genialer* Einfall für mehr Effizienz war absolut kurzsichtig gewesen. Hinter allem hier steckt Sinn, ich habe ihn nur nicht gesehen. Das war in einer Zeit, in der wir einen unglaublichen Aktionismus hatten. Alles war aufgerissen, der ganze Hof war eine einzige Baustelle und wir dachten: Gut, dann machen wir gleich noch anderes mit und legten die Feuerstelle an, um das Vorhandensein des Baugeräts möglichst effektiv auszunutzen. Der Ort schrie nach Gestaltung, also haben wir den auch noch beackert und als Sara einmal vom Einkaufen zurückkam, hatte ich eben auch noch diesen Durchbruch durch die Mauer gemacht.

Als ich an diesem Tag vom Einkaufen kam, da hatte ich plötzlich diesen Gedanken und sagte zu Michi: »Das ist jetzt alles innerhalb von zwei Tagen passiert, vielleicht sollten wir kurz den Fuß vom Gaspedal nehmen.« Natürlich wollten wir möglichst viel schaffen, damit es auch nicht so viel kostet, aber gefühlt ging das alles zu schnell. Vielleicht müssen wir uns langsamer entwickeln und die Ideen mit uns wachsen lassen. Dieser Gedanke hatte natürlich rein gar nichts mit dem Mauerdurchbruch an sich zu tun. Es war nur ein Grundgefühl, dass wir auch lernen müssen, uns zu bremsen.

Andererseits rettete genau diese Hauruckaktion den Schafen während der Flut das Leben. Wir hätten es ohne diesen Durchgang nicht geschafft, sie heil auf den oberen Teil des Guts zu bringen. Aus der Perspektive der Schafe machte das also viel Sinn. Aber das Wasser erreichte dadurch das Atelier, das zwar vielem standhielt, trotzdem gelangte das Wasser hinein und hinterließ eine Schicht aus Schlamm und Dreck am Boden, die wir herauskratzen mussten. Für eine Weile schien das glücklicherweise der einzige Schaden zu sein, aber nach ein paar Tagen stellte sich leider heraus, dass das nicht der Fall ist. Die Dämmung unter dem Boden hatte sich vollgesogen und drückte die Dielen nach oben. Der Boden quoll auf und musste komplett erneuert werden. Das würde zwar durch die Elementarversicherung abgefangen werden, bedeutete aber einen erneuten Dämpfer für uns, denn wir würden das beliebte Atelier auf unbestimmte Zeit nicht vermieten können. Und eine weitere Baustelle vor uns haben, die unsere Aufmerksamkeit forderte. Aber als wir dort standen, auf dem Boden, der aus den Fugen platzte, erinnerten wir uns an die Vision, die wir mal gesponnen hatten von diesem wunderschönen Ort mit den Panoramafenstern. Wie viel schöner das Haus sein könnte, wie viel Potenzial darin steckte. Also nahmen wir uns vor: Wenn wir jetzt sowieso für Monate schließen müssen, bauen wir es gleich so um, wie wir es haben wollen. Neben der Erneuerung und Trockenlegung des Bodens machten wir einen Wanddurchbruch in die erste Pferdebox, um ein abgeschlossenes Badezimmer zu haben mit Sauna und frei stehender Badewanne, von der aus man einen traumhaften Blick auf den Garten und die Natur hat. Das Bad war vorher campinglike in den Küchenbereich integriert, in dem sich jetzt eine richtige Küche mit Fußbodenheizung befindet, gebaut aus den alten Ziegeln, die einmal der Boden einer Pferdebox waren. Der alte Putz wurde entfernt zugunsten von Lehmputz, der nicht nur fantastisch aussieht, sondern auch ein angenehmes Raumklima schafft. Insgesamt dauerten die Arbeiten ein knappes halbes Jahr. Das nahmen wir gern in Kauf, weil vor unseren Augen eine Vision Realität wurde, die wir ohne den akuten Druck auf die lange Bank geschoben hätten. Bei den Gästen wurde das Atelier noch beliebter. Schade daran ist nur, dass wir selbst gerne ab und an in die Sauna gehen würden, aber dafür ist es zu ausgebucht. Aus dieser anderen Perspektive betrachtet, hat uns die Flut eben auch den *push* gegeben, den

Garten und das Atelier nicht nur wiederherzustellen, sondern noch ein Stück näher an unsere Vision zu kommen. Den Mauerdurchbruch haben wir trotzdem demütig wieder geschlossen.

Was wir ganz eindeutig sagen müssen: Ohne die Elementarversicherung, die im Falle von Naturkatastrophen einspringt, hätten wir – wie so viele in der Gegend – richtig alt ausgesehen. Eigentlich glaubten wir, in keinem gefährdeten Gebiet zu leben, wir hatten sogar in den Analen die Wetterereignisse von mehr als 80 Jahren überprüft. Aber was gestern kein Risikogebiet war, kann es morgen bereits sein. Die extremen Wetterereignisse häufen sich aufgrund des Klimawandels. Die Erderwärmung führt nicht nur zu häufigeren Dürren und Hitzewellen, sondern auch zu heftigem Starkregen. Die immer wärmer werdende Atmosphäre kann immer größere Wassermengen aufnehmen und innerhalb kürzester Zeit wieder abregnen. Und der ständige Zuwachs an versiegelten Flächen verhindert, dass das Wasser im Boden versickern kann. Das gilt nicht nur für bebaute Flächen, sondern auch für die konventionelle Landwirtschaft. Böden mit Monokulturen werden schwerer mit Überschwemmungen fertig als solche mit mehr Artenvielfalt, begradigte Flussläufe genauso. Es ist Wahnsinn, wie dumm das eigentlich recht clevere System des Kapitalismus ist, wenn es darum geht, einfache, kausale Zusammenhänge zu begreifen.

Wie man in den Wald hineinruft, so schallt es heraus

Nachhaltigen Lebensstil teilen

*D*ass mehrere Generationen zusammen unter einem Dach wohnen, war gerade auf dem Land über Jahrhunderte völlig selbstverständlich. Familienzusammenhänge von Großeltern bis Enkeln oder sogar Urenkeln stellten die Regel dar, genauso wie die Aufteilung der Arbeiten, die im Haushalt und dem Hof anfallen. Mittlerweile wirkt dieses völlig natürliche System allerdings außergewöhnlich. Zumindest für einen Großteil der Gesellschaft, und auch uns spiegeln unsere Gegenüber beim ersten Kennenlernen diese Wahrnehmung wider. Mich selbst nehme ich nicht aus, denn auch für mich als Tochter war es nicht automatisch der erste Gedanke, den ich hegte.

Als feststand, dass wir tatsächlich mit Sack und Pack auf Gut Neuwerk einziehen würden, hatten wir großen Respekt davor, das Leben hier allein zu wuppen, und dachten über ein Gemeinschaftsprojekt nach. Es fühlte sich logisch an, uns erst einmal im Freundeskreis nach Mitstreitern umzuhören. Enge Freunde aus Köln überlegten zu Beginn sogar, sich uns anzuschließen, doch die Entfernung zur

Stadt und die Größe des Guts hielten sie damals von dem Schritt ab. Inzwischen haben sie im Nachbardorf ein Haus gekauft und ziehen doch in die Eifel, worauf wir uns sehr freuen. Sich ganz so weit aus der Stadt herauszuwagen, konnten sie sich vor knapp vier Jahren noch nicht vorstellen, aber die steigenden Immobilienpreise in den Ballungsgebieten lösten einen ähnlichen Prozess wie bei uns und wahrscheinlich vielen anderen aus. Eventuell haben auch ihre regelmäßigen Besuche bei uns ihre Wirkung nicht verfehlt.

Der Zuzug unserer Freunde ließ anfangs noch auf sich warten. Relativ schnell begann der Gedanke in mir zu wachsen, dass es doch ebenso schön wäre, wenn meine Eltern bei uns leben würden. Obwohl ich wegen des Sports sehr früh ausgezogen bin, pflegten wie von jeher ein tolles Verhältnis zueinander. Vielleicht auch gerade deswegen, immerhin habe ich meine Pubertät nicht zu Hause verbracht. Zudem habe ich während meines Volontariats bei SKY wieder für anderthalb Jahre bei ihnen am Ammersee gewohnt, was sehr gut lief. Aber der Gedanke war nicht rein pragmatischer Natur, sondern ergab sich auch aus einem anderen Grund.

Meine Eltern wohnten 35 Jahre in demselben Haus in Herrsching, das ihnen jedoch nicht gehörte. Immer mal wieder hatten sie Versuche unternommen, es zu kaufen, aber ihre Vermieterin konnte sich in all den Jahren nicht dazu durchringen. Was sie allerdings nicht davon abhielt, die Miete bei jeder sich bietenden Gelegenheit zu erhöhen. Natürlich wird das Münchner Umland auch immer beliebter und damit teurer. Aus finanziellen Gründen begannen sich die beiden mit dem Gedanken anzufreunden, sich zu verkleinern. Wobei anfreunden nicht der richtige Ausdruck ist. In einer kleinen und damit erschwinglichen Wohnung konnte selbst ich mir die beiden absolut nicht vorstellen, gerade weil mein Vater Maler ist und dementsprechend einiges an Platz für Leinwände, Farben und weiteres Equipment braucht.

Als wir ihnen dann während der Besichtigung im Tiefschnee anboten, sich mit uns ins Abenteuer zu stürzen und die untere Etage des Haupthauses zu beziehen, war meine Mutter recht schnell überzeugt. Sie stammt gebürtig aus Köln und ihre schönsten Kindheitserinnerungen sind die an ausgedehnte Besuche auf dem Bauernhof ihres Onkels im Bergischen Land. Nach Bayern verschlug sie die Liebe zu meinem Vater, und Herrsching wurde im Laufe der Jahrzehnte auch für sie zur Heimat, aber sie verband immerhin etwas mit dem Rheinland. Mein Vater tat sich schwerer mit dem Gedanken, die Gegend zu verlassen, in der er sein gesamtes Leben verbracht hatte. Veränderungen sind grundsätzlich nicht so sein Ding. Hinzu kommt der Umstand, dass seine Augen leider stetig schlechter werden und er nur noch peripher sieht, dem Gesetz nach also blind ist. Am Ammersee hatte er, als ehemaliger Lehrer, nicht nur ein festes soziales Umfeld, sondern kannte auch Haus und Umgebung wie seine Westentasche. Letztendlich siegte doch eine Mischung aus Freude auf die Enkel und darauf, noch mal ein ganz neues, eigenes Projekt zu beginnen. Und selbst in Herrsching hätten sie sich über kurz oder lang einem Umzug stellen müssen, was mit Anfang, Mitte siebzig wirklich nicht einfacher wird. Dennoch war es natürlich ein riesiger Schritt, ihr gewohntes Leben mitsamt Freunden zu verlassen. Zwar hätten wir unseren Umzug nicht von der Zusage meiner Eltern abhängig gemacht, allerdings hatten wir damals nun wirklich noch keine Ahnung, worauf wir uns einließen, und auch nicht, dass mit Michel bald noch ein drittes Kind die Familie erweitern würde.

Im Nachhinein ist es wirklich ein absoluter Glücksfall, dass ihre Lust, hierherzuziehen ein Stückchen größer war als die Angst vor der Veränderung und die Traurigkeit über den Verlust des Vertrauten.

Aber wie das Leben so spielt: Schließt man eine Tür, wird sie unerwartet von der anderen Seite wieder aufgestoßen. Kurz nachdem meine Eltern den Entschluss gefasst hatten, zu uns zu kommen, entschied die Vermieterin, das Haus doch zu verkaufen. Ein bisschen zu spät für meine Eltern, denn in ihrem Alter noch den notwendigen Kredit zu bekommen, war aussichtslos. Also entschied sich mein älterer Bruder Alexander, unser Elternhaus zu kaufen und mit seiner Familie von Berlin aus zurückzuziehen. Für meine Eltern war es erleichternd, dass das Haus, in dem so viel ihrer und unserer Geschichte stattfand, in der Familie blieb und sie nicht sämtliche Brücken nach Herrsching hinter sich abbrechen mussten.

Mein Bruder baute das Haus zwar komplett um, um es in ein Zuhause für seine Familie zu gestalten, aber das war ein guter Schritt und machte es für unsere Eltern ein Stück leichter: Der Ort ist ihnen erhalten geblieben, sie haben weiterhin einen Heimathafen am Ammersee, wenn sie allerdings zu Besuch dort sind, treffen sie nicht auf ihr altes Leben. Die Zeit ist auch in Herrsching nicht stehen geblieben. Sie fahren regelmäßig für einige Tage nach Bayern und verbinden die dortigen Familienbesuche mit Terminen bei ihren langjährigen Ärzten und Treffen mit Freunden. Und sind mittlerweile auch ganz froh darüber, wieder nach Hause auf Gut Neuwerk zu kommen.

Unser Mehrgenerationenleben

Obwohl es natürlich ein Risiko birgt, wieder mit den Eltern zusammenzuleben, genieße ich es sehr, gerade nachdem wir lange wenig Zeit miteinander hatten. Sofern man sich das natürlich mit seinen Eltern vorstellen kann, keine Frage. Nicht jede Eltern-Kind-Konstellation bietet die richtigen Voraussetzungen für eine solche Form des Zusammenlebens, in der man sehr viel teilt: Vergnügen wie Arbeit. Denn neben der reinen Freude am täglichen Zusammensein mit ihren Enkeln haben sie natürlich auch ein neues Pensum an Aufgaben übernommen, das sonst vermutlich nicht auf sie zugekommen wäre in ihrem Ruhestand in Herrsching. Die beiden sind noch ziemlich fit und stemmen einiges an Arbeit, die hier anfällt.

Inzwischen haben wir alle unsere Verantwortlichkeiten, die unser gemeinsames Leben auf Gut Neuwerk am Laufen halten. Wir kochen mittags immer abwechselnd und essen zusammen. Meine Mutter kümmert sich um die Wäsche aus den Ferienhäusern, die nicht in die Reinigung muss, füttert die Katzen und bringt die Hühner ins Bett. Sie ist großartig mit den Tieren, obwohl sie in ihrem Berufsleben völlig andere Schwerpunkte hatte. Wenn es dann darum geht, die Schafe einzufangen, sind die Erinnerungen aus der Zeit auf dem Hof ihres Onkels Gold wert. Mein Vater füttert im Winter die Schafe und kümmert sich um kleinere Reparaturen. Da er handwerklich der Versierteste von uns ist, übernimmt er ein wenig die Funktion eines Hausmeisters. Bei Michi liegen im Schwerpunkt die Arbeiten, die körperlich am forderndsten sind. Er mäht den Rasen, hackt Holz für die Heizung, macht das Wehr frei und was in dieser Hinsicht eben noch an Aufgaben anfällt, geplant wie ungeplant.

Neben dem Garten ist die Organisation und Abwicklung der Vermietungen sowie die Kommunikation über Instagram, Webseite und Co. mein Schwerpunktbereich.

Nicht ständig alles allein im Kopf behalten zu müssen, was täglich auf dem Gut zu tun ist, stellt eine wahnsinnige Entlastung für Michi und mich dar. Gleichzeitig bedeutet es auch ein ständiges Austarieren der Frage, wie viel wir meinen Eltern zumuten können. Natürlich packen sie automatisch mit an, doch sie sollen auch ihren Ruhestand genießen können. Man versteht bei der Bewirtschaftung einer solchen Anlage plötzlich, wieso neben dem generationsübergreifenden Miteinander auch die Arbeitsstrukturen auf einem Gutshof früher einmal waren, wie sie waren – samt Verwalter, Knecht und Magd. Abgesehen von den prekären Arbeits- und Lebensverhältnissen, die das leider auch bedeutete, lag darin trotzdem eine ziemlich realistische Aufteilung der Anforderungen und Kompetenzen.

Für die Kinder ist es ein Traum, ihre Großeltern in Reichweite zu haben. Dass sie immer mehrere Ansprechpartner haben, an die sie sich wenden können, ist nicht nur praktisch, sondern auch für ihre Entwicklung schön und bereichernd. Für ein Gefühl von Geborgenheit in der Welt. Und für mich sind meine Eltern eine enorme Entlastung.

Gerade als Michel noch ganz klein war und permanente Betreuung brauchte, war es Gold wert, ihn spontan für eine halbe Stunde abgeben zu können, wenn Gäste anreisten, ein Problem hatten oder sonst etwas Unvorhergesehenes passierte. Als er größer wurde, doch noch zu klein für den Kindergarten, verbrachte er regelmäßig zwei Vormittage pro Woche bei seinen Großeltern.

Ein solches Zusammenleben stellt uns natürlich auch vor Herausforderungen. So schön die Nähe zwischen Großeltern und Enkeln ist, ab und an müssen die beiden auch zum Durchatmen kommen. Deswegen haben wir die untere Etage so umgebaut, dass sie wirklich abgetrennt vom Treppenhaus ist. Damit sie ihre Tür zumachen können.

Dennoch überkommt mich manchmal das Bedürfnis, meine Eltern zu schützen und ihnen mehr Ruhe ermöglichen zu wollen. Andererseits verbringen sie wahnsinnig gerne Zeit mit den Enkeln. Also übe ich mich immer wieder im Loslassen und Auf-die-Zunge-Beißen, versuche darauf zu vertrauen, dass sie ihre Grenzen am besten selbst ziehen und das auch kommunizieren. Die beiden haben schon mehrfach beteuert, dass sie das tun. Glauben wir es ihnen also.

Prinzipiell ist eine offene Kommunikation der entscheidende Faktor für das Gelingen eines solchen Lebensmodells, das aus großer privater Nähe und gemeinsamer Arbeit besteht.

Das war auch ein wichtiger Bestandteil während meiner Sportlerkarriere: Ich habe mit meiner Volleyballpartnerin Laura acht Jahre intensiven Zusammenseins unter oft großem Druck verbracht. Vielleicht mehr Zeit, als manche mit ihrem Beziehungspartner verbringen. Wir wären nie so weit gekommen, wenn wir nicht ständig an unserer Kommunikation gearbeitet hätten. Und trotzdem hat es nicht immer funktioniert. Gute Kommunikation ist keine leichte Aufgabe und verlangt dir immer wieder die Fähigkeit ab, die eigene Perspektive zu verlassen, um die Beweggründe des anderen verstehen zu können. Deshalb scheint es mir besonders wichtig, an dieser Stelle auch meine Eltern zu diesem Thema zu Wort kommen zu lassen. Michi und ich haben uns mit ihnen hingesetzt und sie gefragt, was für sie unser Lebenskonzept ausmacht, wie sie es erleben. Seid ihr bereit, die Perspektive zu wechseln?

Was trägt für euch zum Gelingen unseres
Mehrgenerationenlebens bei?

KARL-HEINZ

Ich glaube, dass uns Angis und meine jahrzehntelange Wohn-gemeinschaftserfahrung sehr zugutekommt. Und die Tat-sache, dass wir zwar eine Familie unter einem Dach, wohl aber immer noch zwei Haushalte bilden. Es war für uns alle von vornherein wichtig, innerhalb des Hauses abgegrenzte Wohnbereiche zu schaffen und unsere Wohnung im Erd-geschoss mit einer zweiten, eigenen Eingangstür zu versehen. Denn die kann im Fall des Falles auch einfach einmal geschlossen bleiben. Wir verbringen viel wunderbare Zeit ge-meinsam, sowohl innerhalb des Hauses wie an der frischen Luft, essen zusammen, treiben Projekte auf dem Gelände vo-ran und Angi und ich genießen es, die Enkel so viel um uns zu haben. Trotzdem bleibt die Gesellschaft der jeweils an-deren immer eine freie Entscheidung und damit auch der Raum für uns selbst. Wenn sämtliche Ferienwohnungen be-legt sind, wird es auf unserer zu Hof und Wiese gelegenen Terrasse recht quirlig. Gerade in solchen Momenten schätzen wir die zweite Terrasse, die wir hinten am Pumpenhaus als Rückzugsort angelegt haben, sehr. Da können wir gelegent-lich für uns und, trotz der wenigen Meter Distanz, gefühlt fernab vom Trubel sein.

Zu Anfang hat niemand meine Pläne, dort im Pumpen-haus mein Atelier und eine Werkstatt einzurichten, wirklich ernst genommen. Weder meine Tochter noch mein Schwie-gersohn konnten sich vorstellen, dass aus dieser Rumpel-kammer tatsächlich ein Ort werden könnte, an dem man sich wirklich aufhalten möchte. »Opa hat einen Narren an diesem Pumpenhaus gefressen!«, spöttelten sie liebevoll. Zu gerne hätte ich ein Foto davon, in welchem Zustand sich das Gebäude befand, bevor wir es entrümpelt und renoviert haben. Das zu dokumentieren haben wir vor lauter Eifer leider verpasst. Im Pumpenraum vorne, wo heute die Werkstatt liegt, war praktisch eine riesige, drei Meter hoch aufgetürmte Müllhalde. Über Jahrzehnte muss dort alles gelandet sein, was auf dem Gut nicht mehr gebraucht wurde: Badewannen, Kloschüsseln, Waschbecken, Möbel und so weiter. Nur ein ganz schmaler Gang führte zwischen den Bergen aus altem Zeug hindurch zu den beiden hinteren Räumen. Beinahe ein Jahr hat es gedauert, bis das Gröbste erledigt war und wir wirklich mit Umbau und Einrichtung beginnen konnten. Was wir dabei unter dem ganzen genannten Gerümpel an Absurditäten zutage beförderten, war völlig irre: eine Granatenhülse zum Beispiel, einen Patronengürtel samt Munition, ein französisches Bajonett, schätzungsweise aus dem ersten Weltkrieg. Und heute, mein Gott, es sieht natürlich immer noch aus wie das, was es ist – eine Werkstatt. Im Vergleich zu vorher sieht es aber wirklich picobello aus. Jetzt ist es mein Refugium. Den Ort erobert, wer sich den Ort erobert.

In unserem Haus in Herrsching habe ich immer unten im Keller gemalt, jetzt genieße ich es sehr, mich beim Malen ausbreiten zu können in meinem Reich. Wobei ich durchaus zu teilen bereit bin. Ich war Sportlehrer und Kunsterzieher und meine Tochter schlug immer wieder vor, ich sollte doch Malkurse geben. Zuerst konnte ich mir das nicht vorstellen, letztendlich motivierte mich Sara doch dazu. Die sechs Teilnehmerinnen hatten richtig Spaß und es entstanden schöne Sachen dabei. Drei von ihnen haben Blut geleckt und kommen jetzt hin und wieder zum Malen vorbei.

Eine gewisse Tradition hat die Kunst auf Gut Neuwerk übrigens. Irgendwann gehörte einmal ein Kunstmaler zu den Bewohnern. Ernst Inden lebte Ende des 19. Jahrhunderts als

Kind mit seinen Eltern, den damaligen Fabrikbesitzern, hier. Aus ihm ist ein recht bekannter Landschaftsmaler geworden. Kein Wunder, bei der Umgebung, die er vorfand. Die Natur sieht ja schon wie gemalt aus!

Und vor den Vorbesitzern, der Familie, von der Sara und Michi das Gut übernommen haben, hat hier über zwei Jahrzehnte ein Bildhauer und Maler gelebt, seine Werke sind an einigen Stellen noch zu entdecken. Auch im Haus hatte er sich verewigt, acht riesige Wandbilder von zwei bis drei Metern Größe waren vor allem im Untergeschoss direkt auf den Putz platziert. Es sah aus wie in einer Galerie. Ein paar haben wir belassen, der größere Teil wurde im Rahmen der Renovierung abgetragen. Sie waren einfach zu monumental für den Raum und ehrlicherweise ist Kunst auch immer Geschmackssache.

Irgendwann stand der Künstler eines Tages unangekündigt mit seiner Frau vor der Tür, um seine alte Lebens- und Wirkungsstätte noch mal zu sehen. Michi führte sie begeistert herum, aber Sara und wir bekamen ein bisschen Panik wegen der entfernten Fresken in unserer neuen Küche. Und natürlich bemerkte er das sofort mit Entsetzen. Puh, war der sauer und tief beleidigt! Kann man auf der einen Seite verstehen, trotzdem: Wenn man etwas derart Dauerhaftes an den Wänden hinterlässt, kann man nicht davon ausgehen, dass das alle nach einem ebenfalls als schön empfinden. Das war wohl ein ziemlich harter Moment für die beiden, zu sehen, was sich zwischenzeitlich verändert hatte nach ihrem Fortgang, und ich glaube, dass es ein Fehler war, noch mal herzukommen. Ich kann mir schon vorstellen, wie weh das tut, wenn man über lange Zeit intensiv mit einem Ort verbunden war und dann realisieren muss, dass die Zeit nicht stehen geblieben ist. Dass das hier kein Museum ist.

Wir bewahren den Ort auf unsere Weise. Wenn ich mir

das in Erinnerung rufe, bin ich ehrlich froh, dass wir in dieser Hinsicht so klar waren: Unser altes Haus ist nun eben das Zuhause unseres Sohnes, nicht mehr unseres. Wir sind nun hier angekommen. Es ist ein wirklich schönes Gefühl, durch Urft zu gehen und zu bemerken, dass inzwischen einige Leute grüßen, weil man sich so langsam kennt und sie wissen: Ah, die sind von Gut Neuwerk. Wir sind immer wieder total überrascht, mit welcher Freundlichkeit und Hilfsbereitschaft uns die Eifler begegnen. Wenn es ein Problem gibt und du Hilfe suchst, sind die Leute zur Stelle. Das ist in Bayern nicht unbedingt der Fall, da kocht eher jeder sein eigenes Süppchen. Hat vielleicht was mit dem durchschnittlichen Reichtum zu tun, der in Bayern herrscht. Hier ist im Schnitt alles viel einfacher – das kommt uns sehr entgegen. Sogar ein Grundstück haben Angi und ich uns in der Eifel gekauft, wenn auch eher als Anlage. Unser Schwiegersohn Michi hatte diese Option aufgetan. Was das Knüpfen von Kontakten betrifft, hat er ein unglaubliches Talent. Ohnehin ist man direkt mit jedem per Du, was meine Schwägerin bei ihrem ersten Besuch schwer irritiert hat. Michi hat jedenfalls den Kontakt zu einem älteren Schäfer hergestellt, von dem auch unsere Schafe stammen, die bei uns ihr Altenteil verleben dürfen. Berthold brauchte eine neue Heizung und wollte daher ein Stück Land verkaufen. Das war auch so ein Ding, das nur in der Eifel geht: Du gehst da hin, dann sagt der andere einen Preis, du sagst in Ordnung, Handschlag und die Angelegenheit ist erledigt. Der Punkt mit dem Preis war natürlich auch so eine Sache, in Herrsching hätten wir für das Geld maximal eine Garage bekommen, hier eben ein gutes Stück Bauland. Eines Tages Landbesitzer in der Eifel zu sein, das hätten Angi und ich uns auch nicht träumen lassen, was?

ANGI

Nein, wahrlich nicht. Damit hätte ich nicht gerechnet. Aber es ist schön, wie es gekommen ist. Bei aller notwendigen Balance zwischen Nähe und Distanz, Miteinander und Autarkie, Ruhe und Trubel finde ich es als Mutter wie Großmutter wahnsinnig aufregend, so nahe dabei zu sein. Zum Beispiel bei der Geburt des dritten Kindes meiner Tochter, meinem fünften Enkelkind. Das war etwas Besonderes und völlig anderes, als wenn Sara in Köln und ich in Herrsching gewesen wären. Es ist einfach schön, hautnah miterleben zu können, wie sie groß werden, was sie rasant tun. Max' erster Schultag war auch ein Meilenstein und jetzt ist Michel, das Nesthäkchen, bereits im Kindergarten.

Natürlich steht regelmäßig ein Enkel in der Tür. Das genießen wir sehr, gleichzeitig mussten wir lernen, uns abzugrenzen und auch mal zu sagen:»Oma und Oma haben jetzt Pause.« Fest etabliert hat sich unsere Mittagsruhe, da ist die Tür zu und wir sind eine Stunde für uns. Dass es mit unserem Zusammenleben weitgehend harmonisch funktioniert, liegt meiner Meinung nach auch daran, dass wir alle, jeder für sich, Erfahrung damit haben, auf die eine oder andere Art Teil einer Gemeinschaft zu sein.

Karl-Heinz und ich haben langjährige WG-Erfahrung, was für Menschen unseres Jahrgangs nicht selbstverständlich ist, aber uns sehr hilft dabei. Auch in beruflicher Hinsicht. Ich hatte lange Zeit einen Teeladen in Herrsching, und im Verkauf übt man sich natürlich im Umgang und der Kommunikation miteinander. Sara und Michi profitieren an dieser Stelle natürlich auch von den Jahren im Mannschaftssport. Meine Tochter vor allem von der Zeit mit Laura, ihrer Beach-Partnerin. Die beiden haben so viele Jahre zusammengespielt, über solch einen Zeitraum kann man sich schlicht nicht immer einig sein. Natürlich waren sie Freundinnen, das sind sie auch heute noch. Aber zehn Jahre quasi Tag und Nacht gemeinschaftlich verbringen, durch die Welt reisen, Wettkämpfe bestreiten, trainieren – da muss man sich angewöhnen, sowohl den Mund aufzumachen als auch dem anderen zuzuhören, so herausfordernd das mitunter natürlich ist. Wenn man als Team funktionieren möchte, was eine Grundvoraussetzung für den gemeinsamen Erfolg ist, dann ist Diskurs so normal wie wichtig. Aber manchmal muss ich genauso lernen, mich zurückzuhalten. Überfordert sich unsere Tochter, zumindest meiner Meinung nach, permanent? Absolut. Möchte ich, als Mutter, in Anbetracht dessen gelegentlich STOPP sagen? Natürlich. In solchen Momenten muss ich dann eben kurz innehalten, mich daran erinnern, dass das Kind groß ist und selbst wissen muss, darf und kann, was es sich zumutet. Und, wenn wir ehrlich sind, den Zustand des durchgängigen Unter-Strom-Stehens auch braucht. Das war schon in ihrer Jugend so, wenn ich an den Spagat zwischen Leistungssport und Schulbank zurückdenke. Ihre Abiturvorvorbereitung hat sie im Grunde im Mannschaftsbus von Bayer Leverkusen, mehr oder weniger nebenbei, gestemmt. Auf den Hin- und Rückfahrten zu und von den Spielen wurden Hausaufgaben erledigt, Vokabeln gelernt und Aufsätze verfasst. Wie auch immer sie das gemacht hat, sie hat es hingekriegt. Das ist bis heute so.

Andererseits ist es die Übung Nummer eins, ab und an zu sagen: Das ist nun eben, wie es ist, und wird angepackt, wenn es so weit ist! Denn wenn du das nicht kannst oder lernst – Sachen auch einmal liegen zu lassen –, dann wirst du wahlweise verrückt oder kommst gar nicht mehr zum Schlafen. Vermutlich wohl einfach beides. Das ist mein Ratschlag. Wer nicht loslassen kann, sich vor Diskurs scheut und alles durchgängig immer harmonisch und perfekt haben möchte, wird mit einem solchen Projekt wie dem unseren auf Dauer nicht glücklich. Neben der Verantwortung für das Gut muss man auch immer wieder Verantwortung für sich und seine Kapazitäten übernehmen.

MICHI

Und auch füreinander. Sich füreinander verantwortlich zu fühlen, stellt für mich den Schlüssel zur erfolgreichen Umsetzung dieses Mehrgenerationenprojekts dar. Im Großen wie im Kleinen. Und das schließt den Respekt gegenüber den eigenen Grenzen wie denen der anderen ein. Ganz simple Fragen, über die man sich vorher im Leben keine Gedanken gemacht hat, stellen sich im Zusammenleben plötzlich: Kann ich mich mit Sara auch mal lautstark streiten, ohne dass ich dabei an ihre Eltern denke? Das muss man sich schon fragen als Schwiegersohn. Zeitgleich kannst du dir einfach nicht alle möglichen Szenarien vorher überlegen. Aber mein Bauchgefühl hat immer Ja gesagt zu dieser Idee und tut es auch weiterhin. Wir haben diese Entscheidung für das Miteinander getroffen, weil es ein wirklich schönes Gemeinschaftsgefühl schafft. Und Erfahrungen über Saras und meinen Horizont hinaus auf dem Gut gesammelt, von denen wir alle profitieren. Aber zu dieser Entscheidung für ein Miteinander muss man stehen können, egal welche Widrigkeiten von außen auf uns einstürmen.

Als wir damals vor der Entscheidung standen, Gut Neuwerk entweder aufzugeben oder komplett eigenständig, also ohne Beteiligung unserer Vormieter, zu übernehmen, war für mich wie Sara völlig sicher: Egal, wie das hier ausgeht, selbst wenn wir weggehen müssen oder vielleicht irgendwann wollen, bleiben wir trotzdem zusammen. Wir werden nicht sagen: Tschüss, ihr beiden, wir ziehen doch wieder in die Stadt. Denn Karl-Heinz und Angi haben den unglaublichen Mut aufgebracht, ihr gewohntes Leben hinter sich zu lassen und dieses Projekt mit uns zu wagen. Und dafür fühlen wir uns gerne verantwortlich.

Keine Angst vor Einsamkeit: Feriengäste und Besucher aus aller Welt

Dieses Buch könnte auch gut den Titel »Lauter erste Male« tragen. Denn neben den ganzen neuen Notwendigkeiten, die auf uns zukamen – Waldbesitzer, Biobauern, Trüffelzüchter und Bauherren zu sein –, waren wir von einem Tag auf den anderen auch Ferienwohnungsbesitzer. Das Gastgeberdasein ist genauso eine Fähigkeit, die man sich erst erschließen muss. Allerdings eine sehr schöne, die eine Antwort gibt auf die meistgestellte Frage unseres Kölner Freundeskreises: »Ihr zieht in die Eifel? Habt ihr keine Angst vor Einsamkeit?« Rückzug und selbst gewählte Isolation waren schließlich nie eine Motivation für uns, so naheliegend diese Erklärung auch scheinen mag, wenn man mitten in den Wald zieht. Durch die Ferienwohnungen lassen wir Menschen einfach zu uns kommen.

Obwohl uns die Frage »Wer macht denn Urlaub in der Eifel?« anfangs zugegebenermaßen Kopfzerbrechen bereitete. Deswegen wagten wir auch hier den Sprung ins kalte Wasser: Wir boten das Atelier testweise zur Vermietung an, noch vor unserem eigenen Einzug. Auch wir selbst wollten das Osterwochenende – noch provisorisch eingerichtet – in unserem neuen Zuhause verbringen. Also öffneten wir den Buchungskalender für diesen Zeitraum und innerhalb kürzester Zeit kam tatsächlich die Anfrage eines jungen Pärchens herein. Es war erleichternd, direkt zu merken, dass Menschen Interesse zeigten, aber der Gedanke an unsere ersten Gäste machte uns auch wahnsinnig nervös. Zumal wir gefühlt selbst noch zu Besuch in unserem neuen Leben waren. Kann sein, dass wir unsere beiden ersten Gäste ein bisschen erschlagen haben mit unserer geballten Aufmerksamkeit. Wir fragten alle zehn Minuten, ob alles in Ordnung sei, irgendetwas fehlte. Sie waren supernett und ließen sich sogar von uns zum gemeinsamen Osteressen einladen. Ab Mai war bereits die zweite Ferienwohnung startklar: Wir hatten das Verwalterhaus frisch renovieren lassen, um auch größere Gruppen oder Familien unterbringen zu können.

Unsere anfängliche Sorge erübrigte sich damit ganz: Es gab Menschen, die in der Eifel Urlaub machen wollten. Je mehr Natur, desto besser. Und nachdem wir angefangen hatten, unsere Geschichte aktiv auf Social Media und in der ersten Fernsehreportage zu teilen, wuchs unsere Reichweite weiter. Menschen merkten, dass es authentisch ist, was wir tun und fühlten sich mit uns verbunden. Wir behaupten keine *SCHÖNER WOHNEN*-Ästhetik, unsere Zimmer stehen nicht voller Designermöbel. Viele der Sachen sind Vintage-Stücke, die bei uns einen Platz finden, wie einige der Möbel, die meine frühere Volleyball-Gastfamilie aussortieren musste, als sie ihr Haus auflöste. Auch ihr Flügel fand ein neues Zuhause bei uns und freut sich, wenn Gäste ihn ab und an bespielen.

Wichtiger als *High-End-Chic* war für uns immer, dass sich die Vision und der Geist transportieren, die wir auf Gut Neuwerk leben: Nachhaltigkeit und die Reduktion auf das Wesentliche, ohne Schnickschnack und Chichi und trotzdem stimmig und geschmackvoll. Die Hauptattraktion ist ohnehin das, was vor den Fenstern liegt: die Esel, die von ihrer

Nachbarwiese aus die Gäste beäugen und die ein oder andere Streicheleinheit einsammeln, die Reiher und Kormorane, die vom See aus losfliegen und ihre Runden drehen, der Eisvogel, der vorbeizwitschert, und die Molche und Forellen, die sich im See tummeln. Und natürlich die zahlreichen Plätze auf dem Gut, die man genießen kann: den Steg am See, die Feuerstelle neben dem Pumpenhaus, das Baumhaus für die Kinder.

Durch Airbnb haben wir auch ab und an Besuch aus ganz Europa, den USA, Australien und Indien. Menschen, die wir in Köln nie kennengelernt hätten, kommen nun zu uns in den Wald. Besonders für amerikanische Touristen verkörpern wir das Wald-, Wiesen- und Bauernhoferlebnis, das sie in Deutschland suchen. Einheimische Gäste schätzen die Abgeschiedenheit und die Flucht aus dem hektischen Stadttreiben hinein in das Naturschutzgebiet, das direkt vor der Türschwelle beginnt – mit seinen ursprünglichen Wäldern, seltenen Tierarten, mystischen Vulkanseen und jahrtausendealten Ausgrabungen. Etwas, was auch für uns wertvoll wurde, wenn auch in einem völlig unvorhergesehenen Zusammenhang.

Etwa zehn Monate nach unserem Einzug kam die Corona-Pandemie mit voller Wucht in Deutschland an. Und mit ihr das Beherbergungsverbot. Monatelang konnten wir nicht vermieten, ein ziemlicher Rückschlag, denn darauf fußen unser Businessplan und unser ganzes Modell. Aber es lag gleichzeitig auch Glück in diesem Unglück. Denn so verunsichernd die ersten Monate nach Ausbruch für uns als Vermieter waren, so einen Segen bedeutete dieser Ort gleichzeitig für uns privat. Karl-Heinz und Angi waren gerade eingezogen und wir hatten genügend Platz für unsere Kölner Freunde, die aus ihrer Drei-Zimmer-Stadtwohnung mit ihren Kindern zu uns in die Natur flüchteten.

Zu Beginn konnte schließlich niemand wirklich einschätzen, welche Ausmaße diese Pandemie annehmen und wie sich die Welt dadurch verändern wird. Ob sie völlig aus den Fugen geraten würde. Und plötzlich hatten wir einen Ort für meine Eltern und für unsere Freunde, an dem wir uns gegenseitig in Sicherheit wussten, an dem wir uns frei bewegen und das Naturschutzgebiet um uns erkunden konnten. Was für eine Fügung und ein Glück, dass wir kurz zuvor hergezogen waren!

Nachdem das Beherbergungsverbot ein paar Monate später aufgehoben wurde, erholte sich die Situation langsam. Die Abgeschiedenheit des Guts spielte uns in die Karten, denn wo könnte man sich wohl besser isolieren? Dass Urlaub in Deutschland und, vor allem, in der Natur einen Boom erlebte, ist eine der positiven Folgen dieser Zeit.

Die Erfahrung der Lockdowns feuerte die Stadtflucht und die Sehnsucht nach Natur vor der Tür noch einmal zusätzlich an. Mit dem Ergebnis, dass die Preise für Immobilien auf dem Land seitdem enorm gestiegen sind. Wenn das Gut erst jetzt, drei Jahre nach Ausbruch der Pandemie, zum Verkauf stünde, könnten wir es uns vermutlich gar nicht mehr leisten.

Mit der zunehmenden Öffentlichkeit, die wir erreichen, besuchen uns auch immer mehr Gäste, die etwas Ähnliches leben oder planen wie wir, die Inspiration und Austausch suchen. Wenn Menschen hierherkommen, die ein echtes Interesse an Gärtnern, Handwerk oder Selbstversorgung haben, ist das immer sehr spannend für uns. Jemand weiß etwas, über Lehmbau beispielsweise, oder kennt jemanden, der sich mit etwas Speziellem wie Wasserkraft oder alten Schachtbrunnen beschäftigt. Oder Gäste haben selbst eine kleine Landwirtschaft und den Tipp gegen Milben im Hühnerstall parat. Dann entstehen diese wunderbaren Momente der Schwarmintelligenz. Wissen und Erfahrung erreichen uns ebenso auf diesem Weg. Das Internet ist auch nichts anderes als ein globales Dorf, in dem man sich finden und dann live und in Farbe begegnen kann.

Dass immer wieder neue Gäste aus den unterschiedlichsten Zusammenhängen zu uns kommen, beschert auch den Kindern aufregende Erlebnisse. Die Welt kommt zu ihnen und bereichert ihren Erfahrungshorizont. Max genießt das als ältestes Kind bisher am meisten. Er geht schnell auf die Gäste zu und ist immer interessiert daran, jemanden zum Fußballspielen zu finden oder zum gemeinsamen Forellenangeln zu animieren. Wir beide sind keine Angler. Allerdings hatten wir einmal einen Gast, der seine Leidenschaft teilte und gemeinsam mit ihm am See angelte. Max harrte stundenlang neben ihm aus in Erwartung ihres Fanges, bis er es nicht mehr aushielt und bibbernd vor Kälte zu uns ins Haus lief. Er war völlig aufgelöst, weil er auf keinen Fall den Moment verpassen wollte, in dem eine Forelle anbeißt. Ein bisschen bremsen mussten wir ihn allerdings, als alle seine Hosentaschen irgendwann voller Angelhaken waren und er sie stolz wie Bolle mit in den Kindergarten nahm. Im Spaß nennen wir ihn manchmal unseren kleinen Menschenfänger, denn wir erhielten tatsächlich schon Nachrichten von ehemaligen Gästen, die sich erkundigten, wie es bei ihm in der Schule läuft, oder ihm einen Handball als Geschenk schickten.

Neben der Nähe, die wir gerne zu den Gästen haben, müssen wir gleichzeitig lernen, uns abzugrenzen. Wir haben mittlerweile einen ziemlich hohen Durchlauf an Vermietungen, auch durch die Öffentlichkeit, die wir eingegangen sind. Das führt ab und an dazu, dass Gäste glauben, uns zu kennen, und viel Nähe suchen. Durch unsere Geschichte fühlen sich die Leute mit uns verbunden und sagen oft ganz bewusst:

Wir freuen uns, das Gut und EUCH kennenzulernen. Der Austausch wird für sie wichtiger. In der Regel empfinden wir das als schön, freuen uns über einen Plausch und einen gemeinsames Glas Wein, aber wir sind hier eben nicht im Urlaub. Wir sitzen nicht den ganzen Tag auf der Terrasse und warten darauf, Zeit mit den Gästen verbringen zu können. Wenn das allerdings zu Enttäuschungen bei Gästen führt, sitzt dir plötzlich der Druck im Nacken. Einmal kassierten wir gefühlt aus dem Nichts eine schlechte Bewertung, in der alles kritisiert wurde. Zwischen den Zeilen wurde allerdings deutlich, dass sie eigentlich zu Besuch waren, weil sie uns in einer Dokumentation gesehen hatten und mehr oder weniger uns besuchen wollten. Wir hatten zu dieser Zeit sehr viel um die Ohren und waren nicht greifbar genug für sie. Das ist natürlich ein Extrem. Aber wir wecken bei manchen Menschen scheinbar Erwartungen, die wir nicht erfüllen können. Das sind die beiden Seiten der Medaille. Wir teilen sehr gerne und geben Einblick in unseren Weg, brauchen aber auch noch eine geschützte Privatsphäre. Mit den meisten Gästen funktioniert das gut. Und manchmal ist auch das pure Gegenteil der Fall: Gäste, die überhaupt keinen Kontakt wollen. Zu spüren, wer gerne quatschen oder völlig seine Ruhe möchte – darin sind wir seit unseren ersten Gästen zu Ostern viel routinierter geworden.

Wenn die Anfangseuphorie abebbt und – wie bei allem – abrupt Routine eintritt, entdeckt man auch den Spießer in sich. Das müssen wir lernen mit Humor zu nehmen. Wenn Gäste ihre Hunde mit ins Bett nehmen etwa. Es ist zum einen ärgerlich wegen des Drecks und kann zum anderen auch problematisch für Allergiker werden. Da finden wir uns plötzlich an dem Punkt wieder, Regeln aufstellen zu wollen, was eigentlich überhaupt nicht unsere Art ist.

Mit einem Tag Abstand denkt man dann wieder: Gut, einer von hundert nimmt den Hund mit ins Bett, deswegen müssen wir nicht für die neunundneunzig anderen eine Vorschrift machen. Das Gastgeberdasein ist, wie gesagt, auch eine Fähigkeit, die man erst lernen muss und an der wir wachsen, wenn es darum geht, mit verschiedenen Charakteren und ungewohnten Situationen umzugehen. Generell ziehen wir eine sehr angenehme, wertschätzende und respektvolle Klientel an, mit der wir gerne öfter ein Feierabendbier oder ein Glas Wein trinken, wenn es unsere Zeit zulässt.

Die Motivation, die uns der absolute Großteil der Gäste schenkt, macht alle Sorgen und Herausforderungen wieder wett. Bewertungen wie die folgenden geben uns die Gewissheit, dass wir die Geschichte des Ortes auf die richtige Weise weiterschreiben:

»This place is everything you ever dreamed of!«
»Noch viel schöner als erwartet! Bis ins kleinste Detail steckt in jeder Ecke so viel Liebe drin!«
»From all those dozens of private accommodations we've stayed in over the years, this remote place was probably the most homely and peaceful.«

Die Begeisterung für diesen wundervollen Ort und den Sinn in dem, was wir machen, immer wieder gespiegelt zu bekommen, inspiriert uns ungemein. Und gibt uns auch in anstrengenden Zeiten den nötigen Drive, das Ganze in Schuss zu halten. Wenn man so etwas wie hier nur zur eigenen Freude macht, ist man schneller geneigt zu sagen: Na komm, dann lassen wir den Haufen Sand eben liegen. Aber für die Gäste will man es schön gestalten und keine Baustelle suggerieren. Was wir von ihnen zurückbekommen, wie positive Rückmeldungen, gibt unglaublich viel Kraft.

Dazu gehört zum Beispiel das umwerfende Feedback, das wir für den Umbau des Ateliers bekommen. Allein dafür hat es sich gelohnt, den Ort nach der Überschwemmung monatelang zu schließen und von Grund auf so zu gestalten, dass das Potenzial des Ortes zum Leuchten kommt. Die Freude über diesen wunderbar gelungenen Umbau immer wieder teilen zu können, lässt uns selbst immer wieder aufs Neue hinschauen und begreifen, welchen Schatz wir um uns haben.

Die Kraft der Gemeinschaft: Einleben und Integration in ein neues Umfeld

Der Umzug auf Gut Neuwerk verwundert auch viele Menschen aus meinem Fußballumfeld. Sie empfinden das als Bruch in meiner Biografie. Vom Fußballprofi und Manager zum Biobauern wirkt natürlich alles andere als stringent. Eigentlich komisch, weil ich jemand bin, der konsequent in eine Richtung geht und neue Herausforderungen nicht scheut – nur diese Richtung hat niemand vermutet. Da sind wir wieder bei meinem Stempel als der »Schönjeföhnte« im Sakko. Die Leute nehmen mich so wahr und bringen das dann nicht zusammen mit dem Typen, der Holz hackt und den Trecker fährt.

Das hat auch mit dem Klischee des Fußballprofis an sich zu tun. Man assoziiert damit eher einen anderen Lifestyle – Sportwagen, Frauen und Restaurants. Yuppiedinge eben. Man sieht mich weniger auf dem Land Kartoffeln ausgraben als vielleicht einen ehemaligen Biathleten.

Und andersrum werden wir in der Eifel natürlich auch beäugt. Da sind wir die Städter, die Zugezogenen, denen man vielleicht erst einmal skeptisch gegenübersteht. Auch hier assoziieren Menschen ihre Klischees mit uns: Die schießen sich den Weg mit Geld frei und machen sich die Hände nicht schmutzig oder sind in ein paar Jahren wieder weg, wenn ihnen das Gut zu anstrengend oder zu einsam wird. Dagegen müssen wir auch anarbeiten. Klar, nicht alle, die bisher hier gelebt haben, hatten das Ziel, sich in die Gegend zu integrieren. So ein Gut kann auch die Atmosphäre einer abgekapselten Blase erzeugen.

Entscheidend ist, wie man auf die Leute zugeht. Und wir nehmen den offenen Weg, sehen in jedem, den wir treffen, einen interessanten Austauschpartner. Sind offen damit umgegangen, dass wir neu und damit auch in vielerlei Hinsicht unbedarft bis überfordert sind. Dass diese Offenheit wirklich Früchte trägt, merken wir dann, wenn plötzlich jemand vor unserer Tür steht und sagt: »Ich bin hier vierzig Jahre immer vorbeigelaufen und hab mich nie getraut zu klingeln, aber jetzt herrscht eine andere Energie und ich dachte, ich schaue mal vorbei.«

Wenn du die Türe dann öffnest, spricht sich das herum. Ältere Dorfbewohner erzählen dir, dass sie im See schwimmen gelernt haben oder von Legenden, die sich um das Gut und seine Nutzung ranken. Das finden wir immer wieder super spannend und freuen uns über jede dieser alten Geschichten und die mit ihnen verbundenen neuen Erkenntnisse. Im ersten Jahr nach unserem Einzug hatten wir unter anderem Besuch von einem Historiker, der sich mit der Gegend beschäftigte. Er hatte sogar einige alte Fotos vom Gut dabei und erzählte ein bisschen aus dessen Geschichte. Wir hätten gerne noch viel mehr von ihm erfahren, doch er verlor tragischerweise in der Flut sein Leben. Wenigstens durften Sara und ich ihn noch kennenlernen und seine Leidenschaft für die Regionalgeschichte erleben.

Das war wirklich erschütternd für Michi und mich. Dahinter steht auch etwas Besonderes auf dem Land: die Verbundenheit, die die Menschen mit der Eifel haben. Natürlich hast du nicht die Anonymität der Großstadt. Dieses »Vorbei, verweht, nie wieder« gibt es hier nicht. Hier triffst du die Menschen zwangsläufig wieder, bemerkst sie und stehst ab diesem Moment in einer Beziehung zu ihnen. Es sind weniger Menschen, auf die man sich einlässt, als wir es aus Köln kennen. Aber mit den wenigen überschneiden sich die Themen stärker. Und vor allem wissen wir mehr übereinander, da wir unsere Probleme und Sorgen offener und prinzipiell sowieso mehr teilen. Eben weil sich die Themen sehr überschneiden und man sich gegenseitig völlig anders inspiriert. Das sind – ganz wertfrei – andere Ebenen von Freundschaften, die auf dem Land entstehen.

Wir haben hier zwei befreundete Familien in unserem Alter, mit denen wir sehr viel zusammen unternehmen. Sie leben ein ähnliches Modell wie wir. Borwin und seine Frau Lydia haben ebenfalls drei Kinder, ein großes Haus und sind sehr naturverbunden. Die Familie meiner Freundin Judith hält hinter dem Haus zehn Rinder, hat einen richtigen Obstbaumwald gepflanzt und fängt nun auch an, einen Permakulturgarten anzulegen. Das ist überhaupt eine schöne Geschichte, in der sich ein weiterer Kreis schließt. Mit Judith habe ich schon zusammen in der Volleyball-Bundesliga gespielt. Wir kennen uns seit zwanzig Jahren und haben uns dabei nie aus den Augen verloren. Ich wusste, dass sie auch in die Eifel gezogen war, eine Viertelstunde von uns entfernt. Als wir mit den Überlegungen zur Übernahme von Gut Neuwerk umgingen, rief ich sie an, um sie ein bisschen auszuhorchen und zu fragen, wie es ihr geht. Auf die Frage, was ihr fehle, erwiderte sie: Eigentlich fehlt mir hier absolut nichts. Nur eine richtig gute Freundin. Und ich dachte: Das passt doch!

Nach einer der ersten Besichtigungen mit dem Makler besuchten wir sie und ihre Familie, aßen gemeinsam zu Abend, quatschten, lachten und tanzten mit den Kindern zu lauter Musik durchs Wohnzimmer. Für meine Gefühle war dieser Moment wie Balsam. Ich wusste: Wir können das wagen. Ich habe jemanden in Reichweite, den ich kenne und sehr schätze. Und der hier glücklich ist.

Wenn Michi manchmal aus dem Stadion kommt und erzählt, dass er jemanden kennengelernt hat und sich auf die Frage, wo er wohnt, wieder Entsetzen ausbreitete à la:»Was, du bist in die Eifel gezogen? Bist du bescheuert? Da gibt es doch nix!«, denke ich heute: stimmt schon. Coole Cafés, schnieke Läden und ein überbordendes Kulturangebot haben wir nicht. Aber sonst haben wir eigentlich alles. Statt in überfüllten Restaurants treffen wir unsere Eifler Freunde in unseren großen Küchen, in denen wir gemeinsam kochen und feiern. Oder in Gärten mit Lagerfeuern und Pizzaöfen, um die herum die Kinder zusammen toben können – und zwar unbeaufsichtigt. Wenn wir die Musik aufdrehen oder die Kinder zu laut sind, stört das niemanden.

Dass auf diese Weise wie auch durch die Vermietungen immer wieder gleichaltrige Spielgefährten zu Gast sind, weiß gerade Max zu schätzen. Da wird dann schon einmal der Akkuschrauber entführt, gemeinsam ein Außenklo aus Holzresten fachmännisch in den Wald gezimmert und eifrig genutzt oder ein ausgedehnter Streifzug unternommen, auf dem die Zeit in Vergessenheit gerät, denn der Wald lädt einfach dazu ein, sich zu verstromern. Wir sind schon lauthals rufend durch die Gegend marschiert, auf der Suche nach ihm und seinen Kumpanen. Dank des naturnahen Aufwachsens kann Max zum Glück in der Regel gut einzuschätzen, was geht und was nicht. Auf welchen Baum man besser nicht klettern sollte oder wie man einen Akkuschrauber gefahrlos bedient.

Das hat er von unserem Freund und guten Geist Friedel gelernt, der uns allen wahnsinnig ans Herz gewachsen ist. Friedel ist ein ehemaliger Urfter Polizist im Ruhestand und kann gefühlt alles, wie so viele Eifler. Er packt regelmäßig bei uns auf dem Gut an und ist inzwischen sogar bei uns als Hausmeister tätig, was ein Segen ist, weil er für die meisten Probleme sowohl eine mögliche Lösung als auch die handwerkliche Erfahrung parat hält. Für Max ist es das Größte, wenn Friedel ihn in seine Werkstatt nach Hause einlädt und ihm zeigt, wie man aus einem Stück Holz ein Schwert schnitzt oder allerlei Werkzeuge richtig benutzt. Vermutlich wird er früher als wir Sachen bauen oder reparieren können, bei der soliden Ausbildung, die er durch Friedel und Opa Karl-Heinz genießt.

Dank Friedel besitzt Max auch einen eigenen kleinen Verkaufsstand, mit dem er sein Taschengeld aufbessert. Er ist also auch ein überaus geschäftstüchtiger Gutsnachwuchs. Sein großer Traum ist ein eigenes Kinderquad, mit dem er herumfahren kann. Ein kostspieliger Traum. Deswegen sagte ich eines Morgens, eher nebenbei, dass er ja später im Jahr ein bisschen Gemüse verkaufen könnte auf dem Wanderparkplatz, falls wir wieder eine gute Ernte und Überschüsse haben. So lange warten wollte er nicht und überlegte vorher schon eifrig, was er wohl verkaufen könnte. Als dann im Frühjahr die Bärlauchsaison startete, schlug ich ihm vor, dass er damit anfangen könnte, denn der wächst hier überall im Wald. Gesagt, getan. Allein oder mithilfe von

Freunden und Geschwistern packte er Kisten mit Bärlauch-
sträußchen voll, um sie am Gutseingang an Wanderer und
Dorfbewohner zu verkaufen. Und sein Laden brummte. Ein
ums andere Mal wurde er seine ganze Ware los und geriet in
einen regelrechten Verkaufsrausch. Friedel bekam schließlich Wind davon, als er ihn von seinem Haus aus erspähte,
und zimmerte ihm kurzerhand seinen eigenen kleinen Verkaufsstand. Natürlich nicht nur für Bärlauch, die Schilder
oben lassen sich austauschen, damit das Angebot auch um
Kaffee und Kuchen, Bio-Gemüse oder Ähnliches erweitert
werden kann.

Trotz all dieser großartigen Aspekte, die das Aufwachsen
mitten in der Natur mit sich bringt: Die Lage ab vom Schuss
war natürlich auch ein Punkt, über den wir gerade im Zusammenhang mit den Kindern viel nachdachten. Wir wollten ihnen ermöglichen, inmitten der Natur aufzuwachsen,
zu sehen, wo gutes, gesundes Essen, nachhaltige Energie und
Wärme herkommen, eine Alternative aufzeigen. Gleichzeitig
verschleppten wir sie natürlich auch gefühlt ans Ende der
Welt. Aktuell sind Max, Romy und Michel zwar noch weit
entfernt von der Pubertät, aber der Tag wird kommen, an
dem sie Dorfkinder sind und ihren Radius um das aufregende Stadtleben erweitern wollen, ohne von Mama und Papa
abgeholt werden zu müssen. Das ist bekanntlich der Killer
beim ersten Date oder Clubbesuch. Dass sie sich dann auch
unabhängig bewegen können, ist wichtig. Deswegen ist es
günstig, dass es nur zehn Minuten vom Gut zur nächsten
Bahnstation sind, von der aus man in einer knappen Stunde
nach Köln fahren kann. Wenn denn die Strecke zwischen
Urft und Kall wieder an den Bahnverkehr angeschlossen ist.
Die Flut hat die Gleise unterspült und aus der Verankerung
gerissen. Bis heute gibt es einen Schienenersatzverkehr mit

Bussen, aber in Zukunft wird das wohl wieder problemloser möglich sein.

Was hingegen gar kein Problem darstellt, ist der Schulweg. Das nächste Gymnasium liegt einfach direkt den Berg hoch, da könnte Max sogar später mit dem Fahrrad hinfahren. Andere weiterführende Schulen sind ebenfalls in zehn Minuten mit dem Bus erreichbar.

Aktuell besucht er eine Freie Schule in Heimbach, etwa 20 Kilometer von Urft entfernt. Wir hatten uns vor seiner Einschulung über alternative Schulen und natürlich auch Kindergärten informiert. Bei Letzteren war es am Anfang gar nicht so leicht, einen Platz zu bekommen. Das hätte ich überhaupt nicht vermutet, wenn ich aufs Land ziehe. Ich dachte, ich rufe einfach bei dem Kindergarten an, der mir gefällt, und Max erhält dann selbstverständlich einen Platz. Fehlanzeige. Die Kindergärten sind genauso überfüllt wie in den Städten. Auch hier brauchte ich Beziehungen und über Judith kam Max dann glücklicherweise in deren Kindergarten. Das bedeutete allerdings eine ziemliche Fahrerei. Ein Jahr später eröffnete in der Nachbargemeinde Nettersheim ein Waldkindergarten und bot freie Plätze an. Was für ein Glück, denn er lag näher und Max ging bereits in Köln in einen Waldkindergarten, da uns das Konzept sehr gut gefällt. Also verbrachte Max sein letztes Kindergartenjahr dort und wir meldeten auch Romy an. Als Max' Wechsel in die Grundschule anstand, schauten wir uns die Optionen in der Gegend an. Eine Weile spielten wir sogar mit dem Gedanken, eine eigene Schule zu gründen. Meine Eltern waren diesen Schritt vor 30 Jahren für meinen Bruder und mich gegangen. Die Montessorischule, die in diesem Zuge damals am Ammersee entstand, existiert auch heute noch. Wir hätten also mit meinen Eltern fachkundige Hilfe und Erfahrung vor Ort gehabt. Letztendlich verwarfen wir die Idee zum Glück wieder, weil wir nicht die nötige Zeit gehabt hätten, zusätzlich eine Schule federführend anzugehen.

Als wir uns umsahen, stießen wir auch auf die Schule in Heimbach, die ebenfalls nach Montessori arbeitet. Die Wegstrecke von 20 Kilometern war allerdings Respekt einflößend. Wir haben hin und her überlegt, ob wir das schaffen oder nicht. Aber die anderen Regelschulen, die ich mir in der Umgegend ansah, entsprachen meinen Vorstellungen viel weniger als die Schule in Heimbach. Glücklicherweise stellten wir fest, dass die Kinder von Freunden die Schule bereits besuchten und auch ein Junge aus Max' Kindergarten dort eingeschult werden würde. Wir konnten Fahrgemeinschaften bilden und das Potenzial der Gemeinschaft nutzen. Wir fahren jetzt zwei bis dreimal pro Woche, zwei bis drei der zehn notwendigen Fahrten. Der Treffpunkt ist bei uns am Wanderparkplatz, für alle günstig gelegen. Aktuell fühlen wir uns wohl mit dieser Lösung und sind froh, dass wir uns von der Distanz nicht haben abschrecken lassen.

Wobei das Gute gar nicht unbedingt fern liegen muss: Das Gymnasium hier den Berg rauf ist ausgezeichnet worden mit einem bundesweiten Preis für digitale Förderung. Was nicht bedeutet, dass die Kinder dort keinen Stift mehr in die Hand nehmen, sondern, dass die Schule ein besonderes Konzept hat, mit digitalen Hilfsmitteln zu arbeiten und auch digitale Inhalte zu vermitteln, den Schülern beizubringen, wozu man sie nutzt und wozu eben nicht. Ab vom Schuss zu leben, bedeutet nicht mehr automatisch, dass das Bildungsangebot so hinterwäldlerisch ist, wie manch einer noch glauben mag.

Wissen, wie der Hase läuft

Von Unabhängigkeit und viel Arbeit

*W*enn ihr bis hierhin gekommen seid, was wir sehr hoffen, ist euch längst bewusst, dass ihr in keinem Rosamunde-Pilcher-Film gelandet seid, auch wenn unser *Lebenstraum,* zumindest von außen betrachtet, immer ein bisschen nach Bullerbü-Romantik aussieht. Und das ist er manchmal natürlich auch: an Tagen im Garten, an denen die Kinder die Zuckererbsen direkt aus der frisch gepflückten Schote naschen und die Vögel um uns zwitschern. Wenn wir mit dem Kanu über den See paddeln, ein Lagerfeuer im Schnee entzünden oder an heißen Sommertagen in den seichten Stellen der kühlen Urft planschen. In diesen Momenten wird der Traum, den wir hatten, als wir uns ein naturnahes Leben für unsere Kinder vorstellten, wirklich Realität. Zu sehen, wie sie sich hier entwickeln, welchen Schub sie in der Natur machen und mit welcher Sicherheit sie sich darin bewegen, fühlt sich wahnsinnig toll an. War ein Insektenstich früher Anlass zu herzzerreißendem Weinen, ist es jetzt einer, um loszuziehen und Spitzwegerich für ein linderndes Pflaster zu suchen.

Wir müssen die Kinder da nicht mal hinführen, es passiert aus ihnen heraus, weil sie irgendetwas in ihrer Umgebung wahrnehmen und beginnen, sich dafür zu interessieren. Das zu sehen und zu wissen, dass wir die Rahmenbedingungen dafür geschaffen haben, macht uns wirklich stolz.

Obwohl mein Mutterherz schon einen Moment aussetzte, als mein kleiner Sohn eines Tages mit den Händen voller blutiger Fischeingeweide vor mir stand und übers ganze Gesicht strahlte. Es gibt zwei Fliegenfischer an der Urft, die Max lange Zeit mit Interesse beäugte. Irgendwann gingen wir gemeinsam hin, kamen mit ihnen ins Gespräch und einer der beiden sagte im Verlauf zu Max: »Wir sind nun schon zwei Stunden unterwegs und haben noch nichts gefangen. Wenn ich jetzt eine Forelle fange, schenke ich sie dir.«
Er warf die Rute aus und zack, ein Fisch biss an. Ihr könnt euch Max' Verblüffung vielleicht vorstellen, denn es glich buchstäblich einer Märchenszene. Doch dann schlug der Angler den Fisch mit dem Kopf voran auf einen Stein, schnitt ihn der Länge nach auf und legte die Eingeweide in Max' Hände, während er erklärte, worum es sich wobei handelt und worauf es beim Ausnehmen ankommt. Dieses Bild hatte ich bestimmt nicht im Kopf, als ich darüber nachdachte, wie schön es wäre, die Kinder in der Natur aufwachsen zu lassen. Aber das gehört genauso dazu. Das ist sicher ein drastisches Beispiel für die Vegetarier und Veganer unter euch, allerdings steht es sinnbildlich für etwas, was neben dem ganzen Lernen auch zu diesem Prozess gehört: Dinge wieder zu *verlernen*.
Ängste zum Beispiel. Bei meinen ersten zarten Gärtnerversuchen habe ich mich auch vor jeder Spinne und jedem Gewürm erschreckt, geschrien, als ich auf einmal, statt ins Laub, in eine fette Kröte langte. Ich war damals überrascht über mich selbst, weil ich als Kind recht ländlich aufgewachsen bin, öfter Kröten gesammelt und über die Straße

getragen habe, zur Wanderungszeit. Mir war nicht bewusst, wie weit ich mich davon entfernt hatte. Während ich Jahrzehnte nur in Städten unterwegs war, entfremdete ich mich immer mehr von früheren Selbstverständlichkeiten, ohne es zu bemerken. Als ich hier wieder in Berührung mit diesen Dingen kam, musste ich mich erst langsam erneut daran gewöhnen. Und heute ist mir die Angst vor Spinnen oder Mäusen wiederum völlig fremd, denn ich nehme sie als ganz selbstverständlich wahr.

Die Selbstverständlichkeit, die Sara beschreibt, in der sich unser Alltag verändert und wir uns mit ihm, kann auch manchmal zur Falle werden. Ich weiß noch genau, wie ich zum ersten Mal auf dem Gut stand und dachte: Wow, was für ein wunderschöncr Ort! Die Atmosphäre und die Energie hauten mich buchstäblich um. Aber ehe man sichs versieht, gewöhnt man sich daran und sieht die Schönheit durch die ganzen geplanten und unvorhergesehenen Arbeiten nicht mehr. Erst wenn Menschen hierherkommen und ähnlich überwältigt sind, wie ich es damals war, spiegeln sie dein eigenes Empfinden und du spürst und siehst die Besonderheit wieder.

Das ist tatsächlich etwas, das Michi wie auch ich noch lernen müssen: die Balance zu halten zwischen Arbeit und Freude. Etwas auch einfach mal nur zu tun, weil es Freude bereitet. Einfach auf dem Steg zu sitzen und auf den See zu schauen etwa, das leisten wir uns viel zu selten.

Natürlich machen die meisten Tätigkeiten hier Spaß und bescheren uns ein ganz anderes Sinnempfinden als früher, aber sie dienen auch immer einem Zweck. Rein aus Spaß an der Freude passiert noch zu wenig, schon allein da die zeitlichen Ressourcen stark limitiert sind. Das ändert sich natürlich, je größer die Kinder werden, doch unser Pensum der letzten Jahre war schon immens hoch. An Muße, an Pausen müssen wir uns bewusst erinnern. Wir sind noch mitten in dem spannenden Prozess zu priorisieren, was gerade wichtig ist und was auch mal liegen bleiben darf. Wenn an Frosttagen die Wasserleitungen einfrieren oder ein Baum umzustürzen droht, gilt es natürlich sofort zu reagieren. Doch genauso wichtig ist es, den Fuß auch vom Gas nehmen zu können und nicht jedes Jahr ein neues großes Projekt anzugehen. Die Herausforderung bleibt, zwischen den ganzen Aufgaben auch zu entschleunigen und zu genießen, was wir haben.

Entschleunigung ist, zumindest für mich, allerdings nicht ganz der richtige Ausdruck. Neben der Arbeit auf Gut Neuwerk habe ich auch noch meine Managementarbeit beim FC, die uns mitfinanziert und mit der ich mich sehr verbunden fühle. Ich bin wirklich froh, dass ich diesen Job machen kann, und hatte bisher noch nie das Bedürfnis, ihn zu kündigen. Aber ich merke, dass andere Themen für mich an Relevanz gewinnen und mein Mindset sich verändert, mit dem Leben und den Tätigkeiten auf dem Gut. Ich habe jetzt zwar wesentlich mehr zu tun als vorher, aber was ich zusätzlich tue, fühlt sich *wesentlicher* an und ich mache es gleichzeitig für den inneren Frieden. Holz hacken, zweimal täglich den Ofen befüllen, das Wehr freihalten, diese Dinge kommen on top zu meinem Job in Köln, haben aber viel mit Wirksamkeit, Selbstwirksamkeit und Sinnempfinden zu tun. Mehr Draußen, weniger *bullshit* sozusagen.

Ich spüre eine andere Wesentlichkeit im Tun, die mir auch hilft bei meiner Arbeit für den FC. Für mich steht und fällt meine Welt nicht mehr mit Auf- und Abstieg. Dank dieser Lockerheit treffe ich die überlegteren Entscheidungen in meiner Managementarbeit – kann Wesentliches besser von Unwesentlichem unterscheiden und priorisieren, was in Konfliktsituationen notwendig ist. Diese Managementkompetenz weiter auszubauen ist auch hier wichtig: Sara und ich können schon viele Dinge gleichzeitig unter Kontrolle halten und verantworten, ohne uns darin komplett zu verlieren. Wir müssen jedoch weiter verstehen lernen, wann droht, dass wir uns übernehmen, und reduzieren müssen, um nachhaltig zu wachsen. Dies zu erkennen, ist ein weiterer Lernprozess. Und für diesen mussten wir erst mal weit ausholen.

Dass dieses Leben nicht in erster Linie Entschleunigung für uns bedeuten würde, im Sinne von weniger Arbeit und mehr Freizeit, wussten wir schon vorher. Zumindest ein Grundgefühl dafür war da, doch was das konkret bedeutet, entwickelt sich erst vor unseren Augen. Mit dem wachsenden Wissen geht dann schon auch das Gefühl der Überforderung einher. Neue Themen und Aufgaben ergeben sich laufend, eines aus dem anderen, und türmen sich im Geiste auf. Was normal ist, wenn man etwas Neues beginnt, aber auf dem Land waren wir schon zunächst ein bisschen *beschränkt*. Weil wir von vielen Dingen, die hier wichtig sind, keine Ahnung hatten. Welche Berührungspunkte ergeben sich in der Stadt mit dem Handwerk? Man braucht immer mal einen Handwerker, ja, allerdings eher für Standardprobleme. Handwerk lag für uns sehr fern. Und nun stehen wir manchmal da und denken: Mann, warum können wir denn so gar nichts? Ein Bild aufhängen, mehr auch nicht. Fleiß und körperliche Kraft haben wir, aber eben leider auch null Ahnung. Und das ist eine ebenso interessante wie seltsame Erfahrung, wenn du, wie wir, aus dem Profisport kommst und immer als Leistungsträger galtst, als *high achiever*.

Obwohl man genauso sagen muss, dass die Schule des

Profisports uns durchaus hilft. Ohne eine gewisse Widerstandsfähigkeit beißt du dich durch die Anstrengungen einer jahrelangen Sportkarriere nicht durch. Das ist nicht nur eine Frage der körperlichen Möglichkeiten, sondern auch deines Mindsets. Du kannst ja nicht mitten im Spiel hinschmeißen, weil es nicht so läuft, wie du geplant hattest. Auch mit einem Rückstand musst du noch motiviert in die nächste Halbzeit gehen, in die nächste Runde starten und versuchen, das Blatt zu wenden. Die Frage lautet auf dem Platz wie hier: Wie kriegst du dich so gesteuert, dass du handlungsorientiert bleibst? Welche Haltung hast du, wenn irgendetwas passiert, was du nicht vorhersehen konntest? Es begleitet uns ständig, dass wir wieder an einen Punkt kommen, an dem wir nicht wissen, wie es weitergehen soll. Dass es weitergehen muss, ist sicher.

Insofern hilft uns unsere Geschichte auch auf diesem Weg. Wenn Sport deinen Beruf ausmacht, dann dreht sich dein Leben ständig um Gewinnen und Verlieren, Auf- und Abstieg. Woche für Woche. Du erreichst nie ein Plateau, auf dem irgendetwas als sicher gilt und so bleibt, von dem du nicht jederzeit wieder runterfallen könntest. Sich nach Niederlagen zu vergraben und die Decke über den Kopf zu ziehen, ist nicht drin, da das nächste Training, das nächste Spiel bevorsteht. Das stählt deinen Resilienzmuskel. Zumal es nicht nur um dich allein geht, sondern auch andere Menschen mit dir hängen. Wir kommen beide aus dem Mannschaftssport. Sara war zwar die längste Zeit im Duo unterwegs – plus Trainer natürlich –, doch das stellt nichts anderes als die Extremform eines Teams dar.

In diesem Punkt auf ähnliche Erfahrungen zurückgreifen zu können, ist Gold wert für unser Leben als Paar. Wir arbeiten immer füreinander und für den Rest unseres Teams: die Kinder, Angi und Karl-Heinz. Jeder mit seinen Stärken und

Schwächen sowie auf der Position, die er oder sie am besten ausfüllen kann. Dass uns beiden der Teamgedanke in Fleisch und Blut übergegangen ist, eint uns auf einer tieferen Ebene. Auch in diesem Projekt. Dazu gehört unter anderem, dass wir uns ganz am Anfang versprochen haben, auch scheitern zu dürfen, und zwar ohne es als Versagen zu betrachten oder uns das gegenseitig vorzuwerfen. Der Mut zum Scheitern begleitet uns nach wie vor, weil wir wissen, dass diese Möglichkeit dazugehört, ein Teil des Ganzen ist und uns am Ende auch weiterbringt.

Selbst dann wird nichts umsonst gewesen sein, denn wir haben uns, beide zusammen und unabhängig voneinander, so viel weiterentwickelt, so viel dazugelernt. Wir sind neu in vielem und auch naiv, wir können nicht alles auf Anhieb, lernen allerdings unfassbar viel und sammeln nahezu jeden Tag neue Erfahrungen. Am Anfang waren wir in vielem unsicher, haben nachgedacht, ob es ein Fehler sein könnte, hatten Angst, etwas kaputtzumachen. Und trotzdem können wir Fehler nicht vermeiden, wenn ihr euch beispielsweise an den Mauerdurchbruch erinnert. Das ist auch in Ordnung, denn durch nichts wird man letztendlich schlauer als über die eigenen Fehler und ihre anschließende Analyse. Mit der Zeit entwickelt sich eine Landkarte der Intuition, eine Ahnung wie etwas gehen könnte, die auf dem Boden der Erfahrung wächst und auch Fehler benötigt, wie Licht und Wasser.

Das Lernen auf dem Gut ist sehr intensiv. Ich habe die ersten Schuljahre in der Montessorischule in Bayern verbracht, die meine Eltern mit gründeten, als mein Bruder schulpflichtig wurde. Das Montessori-Konzept baut darauf auf, dass Lernen durch buchstäbliche Berührung und Kontakt mit den Dingen passiert. Etwas zu begreifen im Sinne von: etwas tatsächlich zu greifen, anzufassen. Diese Form des Lernens ist hier im Alltag sehr ausgeprägt. Und führt dazu, dass du das *Begriffene* auch nicht mehr vergisst, eben weil du es gefühlt, gerochen und erlebt hast. Weil es Teil deines Lebens ist. Wie wichtig diese Form des Lernens ist, erleben wir auch auf Gut Neuwerk, wie Michis etwas *komplizierte Geschichte* mit dem Holzvergaser zeigt.

Tatsächlich, unser Kennenlernen verlief etwas holprig. Die Heizung funktionierte zwar die ganze Zeit prinzipiell, doch ich war nie wirklich zufrieden, denn der zusätzliche Pelletkessel sprang immer öfter an, obwohl die Brennleistung des Holzes eigentlich hätte ausreichen müssen. Die Frage, wie das Ding am besten und effektivsten brennt, trieb mich immer wieder um. Ich dachte, es läge an den Einstellungen, habe aber das System nie komplett durchstiegen. Bis ich es zwingend durchsteigen musste, nachdem die Heizung aus dem Nichts den Geist aufgab. Warum, war mir ein absolutes Rätsel. Friedel mutmaßte, dass der Abzug vielleicht verstopft sei. Also stiegen wir zusammen aufs Dach, um das zu überprüfen. Erfolglos. Wir suchten weiter, gingen alles ab, schraubten alles auf, um zu schauen, wo der Fehler läge. Wir hatten gefühlt jedes Teil, jede Schraube der Anlage einmal in der Hand, bis wir das Problem endlich fanden: Der Wärmetauscher hatte sich komplett mit Ruß zugesetzt. Das heißt, das Reinigungssystem des Wärmetauschers hatte nicht richtig funktioniert, denn am Motor, der diesen reinigt, fehlte eine Verbindung, die wohl von vornherein nicht korrekt eingebaut worden war. Deswegen ist auch der Pelletkessel immer angesprungen, denn die Wärmeleistung des Holzvergasers wurde nie ausreichend weitergeleitet. Ein Monteur reparierte die fehlende Verbindung und änderte mit mir in diesem Zuge noch etwas an den Einstellungen. Anderthalb

Jahre nach ihrem Einbau lief die Heizung endlich rund. Und seitdem habe ich alles gefühlt viel mehr *in der Hand,* einfach weil ich die ganze Anlage einmal angeschaut und begriffen habe, wie was funktioniert. Seitdem verbrauchen wir auch kaum Pellets mehr. Man muss manche Dinge einfach erst einmal begreifen. Das braucht eben seine Zeit.

Das ist eine weitere wichtige Erkenntnis für Michi und mich: sich Zeit zu nehmen, anzukommen, in den Ort hinein- und mit ihm weiterzuwachsen. Natürlich waren wir anfangs berauscht von all den Möglichkeiten und konnten es kaum erwarten, das Gut zu erobern und zu gestalten. Die Optionen zu nutzen und weiterzuentwickeln, so schnell wie es nur geht. Denn natürlich hatten wir ein Bild im Kopf und wollten dieses möglichst schnell real werden lassen. Aber fertig werden zu wollen ist manchmal kein zielführender Gedanke. Geschwindigkeit verleitet schnell dazu, über Punkte hinwegzupreschen, die eigentlich wichtig für die Entwicklung sind. Wenn ich in mein Kölner Leben zurückspulen und mir einen einzigen Satz als Ratschlag für die Zukunft auf dem Gut geben könnte, wäre es: Nimm dir Zeit und entspanne dich. Nicht alles muss sofort passieren und meistens wird es auch nicht so gut, wenn es auf Anhieb umgesetzt wird.

Als Gärtnerin habe ich das beispielsweise deutlich gemerkt. Zweimal habe ich diesen großen Garten angelegt. Gesünder wäre es wahrscheinlich gewesen, kleiner anzufangen, sich Schritt für Schritt an diese Arbeit und das Leben mit den Jahreszeiten zu gewöhnen, es im Kleinen zu durchschauen und dann darauf aufzubauen. Das sind die berühmten zwei Seiten einer Medaille: Die wahnsinnige Motivation, die mir der fertig angelegte Garten gab und die Masse an Erfahrungen, die ich in kürzester Zeit verarbeiten musste. Lernen dauert seine Zeit. Und bis wir irgendwann Ziegen halten und Milch und Käse selber herstellen werden, müssen sich viele andere Dinge erst eingespielt haben.

Denn je größer die Schritte sind, desto mehr Energie kosten sie. Umso höhere Erwartungen hängen dann auch daran. Den Humor und den Spaß an so einem Projekt wie unserem zu behalten, ist aber essenziell, um nicht zu verkrampften Getriebenen zu werden, die alles richtig machen wollen und irgendwann daran verzweifeln. Wenn wir die Tomatenernte komplett vergessen können, geißeln wir uns schließlich auch nicht und verzichten ein Jahr lang auf Tomaten, bis es endlich funktioniert, sondern fahren doch wieder in den Supermarkt.

Es gibt bei den meisten der Probleme hier keine Lösung von der Stange. Wir müssen probieren, variieren, anpassen. Klappt das nicht, suchen wir nach einem Experten oder fragen jemanden im Dorf, denn die Menschen auf dem Land kennen sich in der Regel viel besser aus und haben viel mehr Erfahrung gesammelt. Und selbst dann weiß man oft erst, ob etwas funktioniert, wenn man es ausprobiert.

Michi und ich legen es scherzhaft positiv für uns aus, dass unsere Lernkurve so wahnsinnig steil verläuft. Nicht weil wir so unglaublich schlau sind, sondern weil wir so weit unten gestartet sind. Und weil wir uns auch nicht dafür schämen. Das war eine starke Motivation für dieses Buch.

Immer wieder werden wir gefragt, ob uns das nicht alles über den Kopf wächst? Doch, tut es manchmal. Wir sind bei Weitem nicht immer so gelassen, wie es wirken mag. Wenn ihr uns während der Flut gesehen hättet, wüsstet ihr, wie blanke Panik aussieht. Wenn im Winter wieder eine Wasserleitung einfriert und die Handwerksfirma, die gerade da ist, um eine Ferienwohnung umzubauen, sich hauptsächlich um die Rohrbrüche kümmern muss. Wenn sich der Habicht nicht um die Greifvogelabwehrkugeln schert und weiter

Hühner reißt. Wenn wir uns einfach mal wieder ein bisschen Paarzeit wünschen, aber abends doch wieder neben den Kindern eingeschlafen sind.

Der Wunsch nach Unabhängigkeit und Freiheit bringt ein hohes Arbeitspensum mit sich und eine Form der Entschleunigung, die eher so aussieht: Fertig zu werden ist nicht das Ziel. Das wird übrigens auch theoretisch nicht funktionieren. Irgendetwas Unvorhergesehenes wirft sich uns sicher wieder in den Weg. Unsere Form der Entschleunigung bedeutet eher: *Go with the flow.*

Und das erhält man eben mit und in der Natur. Sehr viele neue Freiheiten, gleichzeitig auch Demut und die Chance, immer wieder über sich hinauswachsen zu müssen und zu können. Den Zufall auszuhalten, der einem ständig neue Herausforderungen beschert. Diese kann man dann entweder durchschauen oder muss akzeptieren lernen, es nicht zu schaffen. Das sind Erkenntnisse, die wir vielleicht nie gehabt hätten, wenn wir nur *nine to five* arbeiten, dann nach Hause in die Wohnung kommen und Fernsehen schauen würden. Letztlich ist es ähnlich wie im Profisport – eine Form der Grenzerfahrung, an der sich die Persönlichkeit entwickelt und die deine Werte verschiebt.

Priorisieren kann auch heißen, kleine Dinge in den Vordergrund zu schieben, die wir in großen Sätzen zunächst übersprungen haben. Wir haben sehr viel gelernt in kurzer Zeit: über Ferienhausvermietung, Tierhaltung, Botanik, Land- und Forstwirtschaft, Wasserkraft, Trüffelanbau, Heizungen, ökologische Baustoffe und so fort. Dazu ein stabiles Netzwerk aufgebaut aus Menschen, die uns bereitwillig unterstützen: guten Handwerkern, Freiwilligen und herzerwärmend hilfsbereiten Eiflern, die selbst Universalwerkzeuge sind und uns an ihren Fähigkeiten und Erfahrungen teilhaben lassen. Aber wir möchten uns auch, unabhängig davon, im Laufe der Zeit selbst mehr handwerkliche Fertigkeiten aneignen und ein kleines Bauprojekt in Eigenregie angehen. Von der Pike auf, ohne irgendeine Hilfe. Durch die Fichten steht uns jetzt genügend Holz zur Verfügung, um einen Hühnerstall zu bauen. Das ist nichts Großes, doch dafür fehlt uns theoretisch absolut die handwerkliche Basiserfahrung. Selbst wenn das Ding auseinanderfällt und wir es vermutlich noch mal und noch mal anfangen müssen: Bewusst das eigene Lernen zu triggern, die Grundlagen des Bauens zu begreifen, wie die Statik, ist genauso notwendig wie Managementkompetenz. Dann kann man ein bisschen was, und auf dieses bisschen baut man langsam den nächsten Schritt auf. Diese *baby steps* nicht zu vergessen, sie zu genießen, Geduld mit den eigenen Beschränkungen zu haben, ist ein kleiner, jedoch wichtiger Aspekt innerhalb der großen Vision, an der wir bauen.

Was auf unserem Mist wächst

Ausblick und Perspektiven

Soviel Gut Neuwerk und der Weg zu immer mehr Unabhängigkeit uns abverlangen, sosehr wir lernen müssen,
uns zu bremsen, um langfristig die Kraft dafür zu behalten –
so viele Flausen setzt uns dieser Ort auch in den Kopf.

So weitläufig das Gut ist, so viel Auslauf bietet es unserer
Fantasie, die manchmal buchstäblich mit uns durchgeht wie
wilde Pferde. Was die meisten unserer Ideen und Visionen
allerdings eint, ist der Wunsch, das Gut weiter zu öffnen für
Gäste und Einheimische. Nun gut, ein paar Dinge schweben
uns auch zu unserer eigenen Freude vor. Wie eine Holz-
ofensauna am See. Vielleicht steht sie auch im äußersten Eck
des Gartens besser, wo die Urft eine Biegung macht und man
sich im seichten, kühlen Wasser zwischen den Saunagängen
abkühlen kann.

Ihr merkt schon, was wir meinen: Der Möglichkeiten bestehen derart viele, dass es uns schwerfällt, uns zu entscheiden. Auch den alten Tennisplatz oberhalb des Guts betreffend, den eine der Industriellenfamilien dort mal hinbeto-
niert hat. Aus dem alten Asche-Sand-Gemisch darauf
wucherten schon kleine Bäume, als wir ankamen. Nachdem
wir auf alten Karten einen Zuweg zum Platz entdeckt hatten,

ließen wir den Sand mit einem Bagger abtragen. Jetzt liegt die Betonfläche frei und wir überlegen, was wir daraus machen könnten. Einen Multifunktionsportplatz für die Gäste und uns? Oder stellen wir ein kleines Strohhaus darauf? Als kleine, feine Wohnmöglichkeit für die warmen Monate. Das ist weder besonders aufwendig noch teuer. Es braucht ein Holzgrundgerüst als tragendes Konstrukt, dessen Wände aus einer Stroh-Lehm-Mischung bestehen. So, wie man früher Fachwerkhäuser baute. Mittlerweile gibt es ganze Ökodörfer, die auf diese Weise entstanden sind, mit wirklich wenig Kapital.

Vorstellbar wäre auch, eine schöne Fläche für Outdooryoga dort zu schaffen. Wir bekommen nämlich immer mehr Anfragen für Yoga- und Meditationsretreats. Solche Formate würden auch gut zu uns und dem Ort passen. Das Gut ist ruhig gelegen, und wohin du deinen Blick schweifen lässt, trifft er auf Wald, See, Wiesen und Himmel. Bis zu zwölf Leute können wir aktuell gleichzeitig unterbringen, und im Umkreis von wenigen Kilometern bestehen zahlreiche weitere Übernachtungsmöglichkeiten, falls die Gruppen größer wären. Woran es uns fehlt, ist eben eine größere Fläche.

Der Tennisplatz wäre jedoch nur eine Lösung für die warmen Monate – und da landen wir gedanklich immer wieder beim Festsaal: diesem großen imposanten Raum zwischen zwei unserer Ferienwohnungen, der förmlich nach Nutzung und Gestaltung schreit. Abgesehen von den maximal fünf Hochzeiten, die wir dort während des Sommers haben, steht er das restliche Jahr über leer. Dieser geräumige, offene und unglaublich atmosphärische Raum ist eigentlich viel zu schade, um ihn ungenutzt zu lassen. Natürlich kostet allein das Dach neu zu decken und zu isolieren eine ganze Stange Geld, aber wenn wir diesen Raum ganzjährig erschließen und multifunktional nutzbar machen, hätten wir einen Ort, an dem viele tolle Veranstaltungen stattfinden könnten.

Wir träumen deshalb davon, ihn nicht nur zu isolieren, sondern auch eine zweite Ebene durch den halben Saal einzuziehen, auf der Höhe des ehemaligen Heubodens, und damit einen separat beheizbaren Raum von etwa 40 Quadratmetern zu schaffen: einen Glaskubus, in dem Yogasessions stattfinden können. Oder sonstige Seminare und Workshops. Vielleicht mit einer Terrassentür nach hinten zum Tennisplatz, um die Outdoorfläche einfach zu erreichen.

Im unteren Bereich könnten dann trotzdem noch Feste stattfinden, neben Hochzeiten ist der Saal auch eine fantastische Location für kulturelle Angebote. Davon gibt es auf dem Land noch zu wenige: Veranstaltungen, über Karneval hinaus. Lesungen oder Konzerte mit Wein und Käse auszurichten, stellt eine unserer Visionen dar. Oder ein kleiner Hofladen mit Café, wenn es der Ertrag an Lebensmitteln denn eines Tages hergibt. Schön wäre es auch, dort eine kleine Eventküche einzubauen, in der beispielsweise Workshops rund um das Thema *saisonal Kochen* stattfinden.

Wir könnten uns auch vorstellen, eine kleine Werkstatt einzurichten, in der Kunst- und Kunsthandwerkskurse angeboten werden, in Erweiterung zu dem, was Opa Karl-Heinz angestoßen hat. Oder wir eröffnen einen Co-Working-Space auf dem Land. Das ist vielleicht gar nicht so abwegig, wie es klingt. Da die Stadtflucht durch Corona einen zusätzlichen Hype erlebt hat, zieht es immer mehr Menschen aufs Land, temporär wie langfristig. Auch hier in der tiefsten Eifel werden Möglichkeiten des gemeinsamen Arbeitens, des Austausches und des Netzwerkens irgendwann gefragt sein. Einen Co-Working-Space für Start-ups, die im Bereich Nachhaltigkeit oder Social Impact Ideen entwickeln, könnten wir uns gut vorstellen. Im besten Fall entsteht ein Ort, der Spielraum für eine Kombination all dieser Optionen lässt.

Und selbst wenn es irgendwann Teil des Prozesses sein sollte, dass wir keine Ferienwohnungen mehr vermieten wollen, mehr Zeit für uns und die Familie brauchen, wäre das in Ordnung. In diesem Falle könnten wir die Gästehäuser auch dauerhaft vermieten, an Menschen, die sich gemeinsam mit uns auf diesen Ort und seine Perspektiven einlassen wollen. Wir sind mittlerweile immer klarer darin, uns ganz genau zu überlegen, was wir uns leisten können, ohne auszubrennen.

Sobald ich meine Ausbildung zur Heilpraktikerin abgeschlossen habe, kommt auch die Frage auf mich zu, ob ich eine eigene Praxis eröffnen möchte und wenn, dann wo? Auf dem Gut oder woanders? Ich hätte große Lust zu praktizieren, jedoch nur wenn Zeit und Energie das eines Tages zulassen. Die Frage wird dann lauten: Kann ich entspannt hier leben, das Gut bewirtschaften und zusätzlich noch eine Praxis führen, ohne das Ganze zu gefährden? Im Zweifelsfall würde ich mich immer für Ersteres entscheiden. Vielleicht treffe ich diese Entscheidung genau so, wie ich meinen letzten beruflichen Entschluss getroffen habe. Schwimmend im See. Damals, als ich darüber nachdachte, meine Karriere als Profisportlerin zu beenden, fiel mir das nicht leicht. Ich wägte eine ganze Weile ab, trug die ausstehende Entscheidung mit mir herum, bis ich eines Tages schwimmen ging im Ammersee. Und da fiel die Entscheidung. Warum auch immer. Aber bevor ich das ausprobieren kann, müssen wir erst einen Teil unseres Sees beschwimmbar machen.

Das ist auch ein Langzeitprojekt, das uns umtreibt. Theoretisch liegt unser eigenes Schwimmbad vor der Tür, mit einer hervorragenden Wasserqualität. Die ist fast *zu gut*, falls es das gibt. Es enthält so viel organisches Material, dass die Wasserpflanzen und Algen darin förmlich explodieren und ein traumhaftes Ökosystem für Tiere schaffen, im Wasser und drum herum. Forellen tummeln sich im Wasser, Molche und Kröten, die in ihrer kleinen Parallelwelt alles vorfinden, was sie brauchen. Und sie ziehen wiederum Kormorane, Reiher, Eisvögel und Libellen an.

Zumindest den vorderen Bereich zum Schwimmen frei zu machen, ist dennoch unser Traum. Dafür müsste allerdings einiges an Schlamm und Algen abgetragen werden, was leider einen komplexeren Vorgang darstellt, als es auf den ersten Blick scheint. Damals, als der See angelegt wurde, war es üblich, den Grund mit einer Lehmschicht abzudichten, nicht wie heute mit Plastikplanen. Verletzt man diese Schicht am Boden jedoch versehentlich beim Ausbaggern, läuft uns der See vielleicht leer. Eine andere mögliche Lösung der Sanierung würde über Pumpen funktionieren, die sind allerdings wahnsinnig teuer und ökologisch fraglich, weil man den Teichmolch dann gleich mit absaugt. Für Muscheln oder Schnecken, die den Algenwuchs hemmen, ist der See mit seinen 6000 Quadratmetern leider zu groß. Man könnte auch Graskarpfen einsetzen, die die Algen fressen, aber dann wäre das Wasser durchgängig trüb, da Karpfen im schlammigen Untergrund leben und diesen dabei permanent aufwühlen. Theoretisch müsste man ihn abfischen, leerlaufen lassen und abschöpfen, doch da taucht die nächste Frage auf: Wohin mit dem Zeug? Etwa 6000 Kubikmeter Schlamm und Wasserpflanzen muss man erst mal irgendwo entsorgen. Bisher haben wir daher auf die Aussaat von Wasserlilienknospen am Seeufer gesetzt. Uferbepflanzung hilft, die im Überfluss vorhandenen Nährstoffe aus dem See abzuziehen und damit den Algen zu entziehen, und sie sehen abgesehen davon auch noch wunderschön aus.

Nach langer Recherche verfolgen wir zudem inzwischen eine neue Idee, die uns viel mehr zusagt. Eine Art homöopathische Anwendung, die die im See vorhandenen Mikroorganismen dahingehend aktiviert, den Schlamm zu mineralisieren, sprich abzubauen. Das Algenwachstum wird dadurch automatisch gebremst, weil die entsprechenden Nährstoffe fehlen. Das ganze Prozedere ist recht einfach, dauert aber seine Zeit. Da wir diese *Medizin* in diesem Zeitraum regelmäßig über die gesamte Fläche des Sees verteilen müssen, haben wir kürzlich unseren Fuhrpark um ein schmuckes kleines Ruderboot erweitert, das uns dabei hilft. Und in zwei bis drei Jahren werden wir dann sehen, ob diese Methode funktioniert und sich der Einsatz gelohnt hat.

Das Gut ist ein Lehrer, der uns Geduld und Einsicht in die Zusammenhänge der Natur lehrt und vor allem: vollkommenes Vertrauen. Und das bedeutet auch, den Weg das Ziel sein zu lassen. So wie es wird, wird es gut sein. Wir wussten und wissen auch heute nicht genau, wo wir hinwollen. Doch wir nähern uns auf jedem Fall dem Zustand, in dem wir sein wollen.

FAQs und weit darüber hinaus

Was wir oft gefragt werden und was seltener

Fast alle Gäste oder Besucher, die erstmalig zu uns kommen, stellen dieselben sieben Fragen:

Was hat euch zu diesem Schritt bewogen?
Wie habt ihr das Gut gefunden?
Wie lange seid ihr schon hier?
Wie groß ist das Gut und was gehört alles dazu?
Hattet ihr keine Angst vor Einsamkeit,
*   der vielen Arbeit, dem Schritt ins Unbekannte?*
Macht ihr das hauptberuflich?
Bewirtschaftet ihr das Gut allein?

Ein wenig haben wir uns an diesen Fragen entlanggehangelt bei der Entstehung dieses Buches, in der Hoffnung, Antworten darauf zu geben, die zugleich informativ und unterhaltsam sind und an manchen Stellen über unsere individuelle Geschichte hinausgehen. Abschließend möchten wir noch ein paar Fragen beantworten, die wir vereinzelt gestellt bekommen, die etwas spezifischer sind, aber noch die ein oder andere Information bereithalten.

Welcher ist euer absoluter Lieblingsplatz auf dem Gut?
SARA: Der Permagarten natürlich. Allerdings in einem Zustand, in dem alle ein bisschen geschäftig sind. Wenn ich in Ruhe arbeiten kann, während alle anderen auch vor sich hinwurschteln. Oma und Opa arbeiten gleichzeitig etwas, Michi auch, die Kinder wuseln herum, die Sonne scheint. Mein Lieblingsplatz ist demnach ein bestimmter Zustand im Garten.

MICHI: Bei Sonnenschein oder im Schnee wohl das Wehr. Bei Regenwetter eindeutig: im Haupthaus vor dem Kamin.

Auf welche eurer regelmäßigen Aufgaben freut ihr euch besonders?
MICHI: Wunderschön finde ich es, wenn ich morgens, wenn es noch dunkel ist, den Holzvergaser nachlege. Es ist dann zwischen sechs und sieben Uhr, ich gehe raus in diese frische, morgendliche Stimmung mit der tollen Luft, bewege mich ein bisschen, hacke ein bisschen Holz, mache das Ding wieder an, und das gelingt meistens auch. Ein Erfolgserlebnis am Morgen. Danach fühlt man sich wach und hatte schon vor Beginn des eigentlichen Tages für einen Moment nur mit sich zu tun. Gleiches gilt übrigens auch am Abend, wenn es sternklar ist und ich noch mal Holz nachlege. Gefühlt bin ich dann allein hier auf dem Gut. Nur ich, die Dunkelheit und diese tolle Atmosphäre.

SARA: Bei mir sind es die Dinge, die ich tun muss, wenn die Gartensaison im Frühling beginnt. Der Garten war dann lange braun und brach und nur die letzten Reste des Wintergemüses sind noch darin. Und wenn der Frühling vor der Tür steht, liebe ich es, alles einmal komplett aufzuräumen, hübsch zu machen und anschließend zu säen und zu pflanzen. Also der Gartenfrühjahrsputz. Und dann zuzuschauen, wie alles wächst und wieder Formen annimmt. Wenn aus dem Braun alles wieder grün und bunt wird. Bei der Frühanzucht im Haus sehe ich jeden Tag nach den kleinen Blättern, die sich aus der Erde graben und sprießen.

Wenn Geld keine Rolle spielen würde: Welches Projekt würdet ihr als Erstes auf dem Gut umsetzen?
MICHI: Viele Projekte. Gar nicht so leicht, das in eine Reihenfolge zu bringen. Aber da es einfach viel Geld kosten würde und schwer kalkulierbar ist, würde ich mir wohl als Erstes irgendwo eine Turbine hinsetzen und das Thema Wasserkraft angehen. Wobei der Ausbau des Festsaals, mit einem Glaskubus, beheizbar und insgesamt schick gemacht, hätte schon auch was, oder? Wir hatten auch mal vor, das Pumpenhaus um eine Ebene zu erweitern und ein Sprossenfenster wie im Atelier, nur eben mit Blick auf den See, einzubauen. Dann hätte man oben eine weitere Ebene, einen Raum der langen Weile, in dem man verweilen kann, sei es in Yogaposition oder einfach so.

SARA: Da schließe ich mich an. Ich würde den Festsaal in einen multifunktionalen Ort umbauen, an dem vieles stattfinden kann.

Wenn ihr ein Date füreinander auf dem Gut ausrichten müsstet, wo wäre es?
MICHI: Zwei Tage im Atelier.

SARA: Auf der Doppelliege am See, die wir von Borwin und Lydia bekommen haben. Da würde ich mich mit Michi an einem sonnigen Tag einfach hinlegen und auf den See schauen. Zusammen in Ruhe irgendwo liegen und nichts tun. Wir sind dort viel zu selten. Bei einer der »Urlaub gegen Hand«-Wochen saßen wir mit den Helfenden am See in der Abendsonne und jemand fragte uns: »Wie oft sitzt ihr eigentlich hier?« Wir schauten uns an und antworteten: »Eigentlich nie.«

Euer bester Tipp gegen Mücken?
SARA: Frösche.

MICHI: Neben Sara schlafen. Sie machst sie alle platt.

Und euer bester Tipp gegen Mückenstiche?
SARA: Der Saft der Katzenschwanzpflanze. Das ähnelt Aloe vera. Die haben eine geleeartige, weiße Flüssigkeit in den fleischigen Blättern, die man auf den Stich streicht.

MICHI: Gut zu wissen. Jedoch schlafe ich ja neben ihr, ist für mich also überflüssig.

Wenn eine Fee käme und euch sofort eine einzige Fertigkeit verleihen könnte, welche wäre es?
MICHI: Zimmermann sein.

SARA: Dito. Aber vielleicht wünsche ich mir eher eine Fähigkeit: die Ruhe und Gelassenheit, Sachen reifen lassen und genießen zu können. Spinnen zu können, fände ich auch großartig.

Was ist euer Lieblingskleidungsstück für das Arbeiten auf dem Gut und warum?
SARA: Gummistiefel. Wobei, eigentlich aber Handschuhe. Man darf hier nie ohne Handschuhe rausgehen, denn es gibt immer irgendwas zu tun. Und echte, dicke Wollpullover für die Arbeit im Garten. Deswegen wäre es schon toll, spinnen zu können.

MICHI: Das Tanktop, oder wie heißen die Shirts: Achselhemden? Erstens finde ich es an sich cool, weil das eine Form von Freiheit bedeutet, Unangepasstheit und meistens auch damit einhergeht, dass man sich irgendwie bewegt. Einem warm ist oder es draußen warm ist und man einfach nicht darüber nachdenken muss, ob man sich dreckig macht oder nicht. Es setzt eine körperliche Arbeit voraus und auch ein Bei-sich-Sein. Egal, wie das aussieht.

SARA: Dazu müsst ihr wissen: Michi flucht ganz oft, weil er immer wieder den gleichen Fehler macht. Wenn er sich für die Arbeit in Köln anzieht und nicht sofort ins Auto steigt, ist er dreckig, bevor er angekommen ist.

Was war euer schönster Moment im Profisport?
MICHI: Die Unterschrift unter meinem ersten Profivertrag.

SARA: Eigentlich unmöglich zu sagen. Am ehesten die unerwarteten Erfolge, wie mein erster Deutscher Meistertitel. Wenn man bei einem Wettkampf schon als Favorit gesetzt ist, bedeutet das Gewinnen eher ein Gefühl der Erleichterung. Wenn man nicht favorisiert wird, macht es mehr Spaß zu gewinnen, die Euphorie fühlt sich anders an. Zumindest bei mir. Der U21-Europameistertitel in Salzburg war auch ein solcher Moment. Für mich sind es die kleineren, unerwarteten Dinge. Und was ich wirklich sagen muss, insbesondere im Nachhinein, und das würde ich auch den jungen, aktiven Spielerinnen mitgeben wollen: Wenn du jetzt wirklich nicht die Goldmedaille bei Olympia holst, hat das schon weitreichende Folgen, da so ein Titel über die Karriere hinaus noch wertvoll ist und sich auszahlt. Alles andere hingegen interessiert fünf, zehn Jahre später niemanden mehr. Und deswegen ist es wichtig, die kleinen Momente zu genießen. Die Reisen, die man macht, die Leute, die man trifft und was man dabei lernt, das sind die Dinge, die bleiben. Auch darüber hinaus bildet das einen Schatz, der von Dauer ist. Die Medaillen kann man sich später immer wieder anschauen, um sich zu erinnern, aber das, was anhält, sind aus meiner Sicht die Erfahrungen, die man auf dem Weg sammelt. Das ist am Ende das Wunderbare.

Wovor fürchtet ihr euch in eurem neuen Leben?
Generelle Ängste ausgenommen.
SARA: Bevor ich in dieses Leben eingetaucht bin, hatte ich eine ganz andere Vorstellung von den Ängsten, die ich haben würde, als es tatsächlich eingetroffen ist. Ich dachte, das Gut wäre zu groß und nachts zu dunkel. Ich dachte, es wäre total gruselig, wenn ich allein bin oder abends nach Hause komme. Diese Angst hat sich allerdings gar nicht eingestellt. In Köln wurde einmal in unsere Wohnung eingebrochen, aber hier fühle ich mich irgendwie total sicher. Oder die Angst, dass das Gut zu weit draußen liegt und ich den Kontakt zu Köln verliere. Das ist auch überhaupt nicht der Fall bisher, weil wir Menschen vor Ort haben und uns auch die Freunde aus Köln oft besuchen. Viel öfter denke ich: Wäre auch ganz schön, mal allein zu sein als andersrum. Die Angst vor der vielen Arbeit

hat sich schon bewahrheitet. Doch ich genieße das auch und erledige sie gerne, wenn ich genügend Zeit dafür habe und nicht alles gleichzeitig passieren muss. Auch wenn sich diese Angst bewahrheitet hat, bleibt alles trotzdem machbar. Die Angst war ja nie die vor viel Arbeit, sondern eher davor, dass wir zu ahnungslos sind für die Komplexität und das Geflecht aus Aufgaben und deswegen Fehler machen. Entstanden ist die Angst vor extremeren Natur- und Wetterereignissen. Gerade im Winter, wenn es viel regnet und du die Urft vom Haus aus gurgeln hörst, weil sie breiter und stärker fließt, schwingt jetzt immer Vorsicht und Angst mit. Das ist ein kleines Trauma seit der Flut. Dass ein Baum im Zweifel nicht nur auf ein Auto fällt oder ein Sturm das Dach abdeckt. Dass etwas eintritt, das auch nachhaltig etwas zerstört.

MICHI: Davor, dass wir hier irgendwo einen Schatz finden und zwangsenteignet werden.

Habt ihr Tipps zum Anfeuern eines Kamins?
MICHI: Trockenes Holz. Oder – das würde zwar kein Eifler tun, doch es funktioniert: Wenn man gerade keinen Kaminanzünder zur Hand hat, hilft notfalls auch ein Teelicht. Allerdings werde ich, seit ich das kurz nach unserem Einzug einmal in der Anwesenheit von Freunden gemacht habe, bis heute damit aufgezogen. Schlussendlich hat es gut funktioniert, man muss eben mit dem Echo umgehen können, zumindest wenn man das öffentlich macht.

Was vermisst ihr am Stadtleben am meisten?
SARA: Ausgefallenere, kreativere Gastronomie. Es gibt viele Gasthöfe mit richtig guter regionaler Küche, jedoch nichts

Ausgefalleneres oder ein schönes Café mit einem schicken Design. Was Hübsches, Junges, insgesamt Vielfalt. Aber das ist ebenso das Schöne, dass wir hier nicht ständig Entscheidungen treffen müssen. Es gibt eben nur den einen Lieferservice. Wenn wir in Köln bei Freunden sind, brauchen wir eine halbe Stunde, bis wir uns geeinigt haben, was wir wo essen wollen. Das nimmt so viel Energie, ständig ein Überangebot zu haben. Deswegen ist das im Alltag für mich super und entspannend, und wenn ich in Köln bin, genieße ich es total, in die Stadt zu fahren und die große Auswahl zu erhalten. So herum empfinde ich das stimmiger.

Wenn ihr euch nach dem Garten richtet, erntet, was dieser hergibt, müsst ihr bestimmt oft Ähnliches essen oder kochen. Was esst ihr nur ungern?
MICHI: Das Einzige, was für mich wirklich gar nicht geht, ist dieser Kartoffelersatz, der sich irre vermehrt. Wie hieß das, Topinambur? Jedenfalls sorgt das Zeug für Magen-Darm-Canasta. Muss ich also nicht unbedingt noch mal haben. Wobei, die Suppe nachher war gar nicht so schlecht und auch besser verträglich.

Sara, vermisst du es manchmal, dich in Schale zu werfen, weil ihr das hier weniger tut?
Ja, und unser Kleiderschrank ist zudem stark geschrumpft, seit wir hier leben. Es gibt insbesondere funktionale Klamotten. Meine Uniform: die Sportleggings, die trage ich immer noch gerne, Gummistiefel, Arbeitshandschuhe und je nach Witterung ein Pulli oder ein T-Shirt. Es ist selten geworden, dass ich mir die Fingernägel lackiere oder mich rausputze. Wenn, dann tue ich das aber gerne. Es ist heute etwas Beson-

deres, mich schick zu machen. Ich war früher schon kein Mensch, der das ständig tat. Jetzt schlüpfe ich eben schon morgens in die Sportleggings, nicht erst zum Training. Das fühlt sich immer noch ähnlich zu früher an. Ein Leben in Leggings.

Eine exemplarische Woche auf Gut Neuwerk

Saras Perspektive

Eine typische Woche auf Gut Neuwerk zu beschreiben, ist gar nicht so leicht. Denn je nach Jahreszeit unterscheiden sich unsere Tagesabläufe hier sehr stark. Nachfolgend möchten wir beispielhaft eine aktuelle Woche im Frühling skizzieren, wenn es wieder wärmer wird, draußen zu blühen beginnt und wir mehr Zeit im Freien verbringen.

Montag

Ab 6:30	Weckerklingeln, Kinder fertig machen, Frühstück, Kinder wegbringen
8:30 bis 9:00	Tee bei Oma und Opa
9:00 bis 12:00	Arbeit an einem Info-Flyer für zukünftige Hochzeiten bei uns und Beantworten von Anfragen
12:30 bis 13:30	Aufräumen, Oma kocht, Max kommt nach Hause, wir essen
14:00	Romy und Michel abholen
14:30	Romy und Michel wollen trotz Mittagessen

	im Kindergarten auch noch etwas essen, im Anschluss spendiert Oma ein Eis für alle
16:00	Romy zum Tanzen und Max zum Fußball bringen, Michel kommt mit zum Einkaufen
17:15	Romy abholen und weiter zum Fußball fahren
17:30	Zusammen mit Romy und Michel beim Fußball zuschauen, nebenbei ein paar E-Mails beantworten und Telefonate führen
18:30	Mit allen dreien nach Hause
19:30	Abendessen
20:00	Licht aus, ohne Vorlesen
20:30	Feierabend, Michi und ich schaffen es noch auf die Couch, recherchieren beide noch ein paar Themen im Netz, quatschen über den vergangenen Tag und die anstehende Woche

Dienstag

Ab 6:30	Dieselbe Morgenroutine wie am Montag: Weckerklingeln, Kinder fertig machen, Frühstück, Kinder wegbringen
Ab 8:30	15 Minuten Rückenentspannung
Ab 8:45	Büro (Arbeit am Buch, Pressearbeit für Max' Schule, Anfragen beantworten, Telefonieren)
12:30	Mittagessen kochen
13:30	Max kommt nach Hause, Essen
14:00	Romy und Michel abholen
Ab 14:30	Hausarbeit mit quengelndem Kleinkind, Saatgut sortieren, die nächsten Saaten rauslegen, Tomatenjungpflanzen düngen und gegen Trauermücken behandeln
17:00	Max abholen, der bei einem Freund war

18:00	Pfannkuchen backen, Abendessen
19:00	Kinder bettfertig machen, vorlesen
20:30	Erschöpft mit den Kindern eingeschlafen

Mittwoch

6:30	Auch der dritte Wochentag startet mit Weckerklingeln, Kinder fertig machen, Frühstück, Kinder wegbringen
8:30	Yoga
9:00	Interview zu nachhaltigem Tourismus
9:30	Büro und Anfragen bearbeiten
10:30	Wäsche/Hausarbeit, kleinere Reparaturen und Austausch von Teppichen im Ferienhaus
12:00	Mittagessen kochen
14:00	Kinder holen, Max und Romy haben jeweils einen Freund dabei
15:00	Balkonbeete vorbereiten und den Tomatenjungpflanzen die ersten echten Sonnenstrahlen gönnen, d. h. in Kisten rausstellen; Kinderstreit schlichten, Hunger, Durst, etc.; Tomaten wieder reinstellen
17:00	Frühes Abendessen für müde Kinder vorbereiten, Max zum Fußball fahren
18:00	Abendessen
19:00	Müden Kindern vorlesen, selbst nicht einschlafen
19:30	Max kommt vom Training
20:00	Max ins Bett bringen
21:00	Instagram füttern und private Nachrichten beantworten
22:30	Feierabend

Donnerstag

Ab 6:30	Weckerklingeln, Michi hat Homeoffice, morgens Kinder fertig machen und wegbringen
8:30 bis 10:00	Beantworten von Anfragen für Hochzeiten und Urlaub, Gästebewertungen, neuen Putzplan für neuen Monat erstellen
10:00 bis 12:00	Nachbereiten des Weiterbildungsseminars (Bioenergetische Analyse)
12:00 bis 12:45	Michi fährt Michel abholen, der schläft im Auto ein, ich mache Mittagessen, zwischendurch anlernen neuer Putzkraft (hat Fragen)
13:30	Max kommt nach Hause, Mittagessen
14:00 bis 15:00	Romy abholen, Küche und Wohnzimmer aufräumen
15:00 bis 16:00	Hausarbeit, Friedel kommt für weitere Planung
16:00 bis 17:30	Markierungen stecken für neue Obstbäume, die bald gepflanzt werden, und Hühner versorgen
17:30	Milchreis mit Kirschen kochen für die Kinder
18:00 bis 19:00	Abendessen
19:00 bis 20:00	Kinder bettfertig machen und vorlesen
20:30	Feierabend, Besprechen/Planen der nächsten Tage, wir teilen eine Flasche Bier ;)

Freitag

Ab 6:30	Ein letztes Mal für diese Woche: Weckerklingeln, Kinder fertig machen, Frühstück, Kinder wegbringen

8:30 bis 10:00	Einkaufen und Besorgungen für Ferien-häuser
10:00 bis 11:00	Aufräumen, zwischendrin Fehlendes für Gästehäuser und für Putzkraft besorgen, die dort gerade sauber macht; schicke später auch Opa noch mal rüber für kleine Reparatur
11:00 bis 12:15	Anfragen und Instagram bearbeiten
12:30	Michel abholen
12:45 bis 14:00	Kinder aus der Schule holen (auch andere, Fahrgemeinschaft!) und nacheinander nach Hause fahren
14:15	Treffen mit Oma zu Hause, sie übernimmt Michel und fährt mit ihm Romy abholen, nimmt die beiden danach mit zum Geburtstag ihrer Schwester
14:15 bis 14:30	Mittagessen mit Max
14:30	Max' Freund Arian kommt zu Besuch
14:00 bis 14:30	Küche
14:30 bis 15:30	Eine Tasse Tee und ein Buch über Mischkultur (und diesen Text)
15:30 bis 15:45	Neue Gäste im Verwalterhaus begrüßen und ins Haus führen
15:45 bis 16:30	Max und Arian fertig machen und zum Fußball bringen
16:30 bis 17:30	Bleibe im Auto sitzen und beantworte Anfragen
17:30	Max kommt vom Training zum Parkplatz
18:00 bis 19:00	Abendessen mit Max, Michi kommt heute spät wieder; vorher noch die neuen Atelier-Gäste begrüßen und einweisen
19:00 bis 20:00	Max bettfertig machen und vorlesen, wobei ich selbst einschlafe

20:30	Michel und Romy kommen wach und aufgedreht nach Hause, Romy hat noch Hunger; ich schneide noch einen Apfel auf, mache erst Michel, dann Romy bettfertig
21:00	Romy schläft ein, Michi kommt nach Hause, ich schicke ihn die Gäste im Gästehaus begrüßen; sie schreiben, ihnen sei kalt und die Heizung im Schlafzimmer gehe nicht
21:30	Michel schläft ein; Küche muss noch aufgeräumt werden, ich bin zu müde und bleibe liegen; Michi kommt zurück vom Gästehaus, Feierabend

Samstag

7:00	Weckerklingeln, Romy »fragt«, wann wir endlich aufstehen können, wir erbitten uns noch eine halbe Stunde Schonfrist
7:30	Kinder anziehen, Michel und Romy fahren mit Michi zum Bäcker
8:30 bis 10:00	Ausgiebiges Frühstück mit Oma und Opa, sprechen über die Woche, anstehende Neuwerk-Themen, Kinder stehen irgendwann auf und bauen einen Parcours im Wohnzimmer
10:00	Michi geht die Schleuse frei machen, ich gehe mit den Kindern raus und miste die Hühner aus
11:00	Michi kommt zurück, Oma und Opa schauen nach den Kindern, ich säe Möhren und Pastinaken
12:30	Michi muss los, der FC hat Heimspiel, er muss arbeiten

14:00	Oma hat Mittagessen gekocht (yeah!)
15:00	Max spielt mit den Kindern aus dem Gästehaus, sie sammeln Bärlauch; Michel und Romy fahren Fahrrad/Laufrad auf Omas und Opas Terrasse, ich schaue von einer Bank aus zu und beantworte ein paar Anfragen; Oma und Opa stapeln Holz
17:00	Gäste wollen grillen, ich säubere den Grill
18:00	Ich bereite eine Brotzeit für alle
18:30	Abendessen
19:00	Bettfertig machen und vorlesen
20:00	Licht aus bei den Kindern
20:30	Feierabend
22:30	Michi kommt nach Hause

Sonntag

8:00	Aufstehen und Frühstück
9:30 bis 11:00	Friedel kommt vorbei, Michel und Friedel bringen »Medizin« in den See ein, ich bringe Max zum Treffpunkt für sein Fußballspiel, er wird mitgenommen
11:00	Gäste klingeln und verabschieden sich, war alles gut, sie wollen gerne wiederkommen; Putzteam rückt an, Müllbeutel fehlen, wir haben noch welche bei uns oben
11:30	Ich kümmere mich um drei Tonnen Wäsche und räume die Küche auf
12:00 bis 19:00	Freunde von uns kommen zu Besuch, wir machen ein Feuer auf der Feuerstelle, kochen eine Suppe und backen ein Brot, zwischendurch reisen Gäste an, Begrüßung und Rundgang

19:30	Abendessen
19:40	Weitere Gäste reisen an, Begrüßung und Rundgang, brauchen noch Babybett, das aufgebaut und bezogen werden muss
20:00	Abendessen beenden und Kinder bettfertig machen
21:00	Feierabend

Auf Gut Glück –
auf einen Blick

Was bisher geschah,
in chronologischer Reihenfolge

2018

September/Oktober Erste Besichtigungen

Dezember Der Entschluss zum Kauf fällt

2019

31. Januar Angi und Karl-Heinz besichtigen das
Gut erstmalig im Tiefschnee, das Projekt
Mehrgenerationenhaus wird aus der Taufe
gehoben

6./7. April Die erste Nacht Probewohnen, damals noch
im schweinekalten Atelier

Ostern Die erste Nacht im Haupthaus auf Matratzen,
die ersten Dinge ziehen schon einmal in die
Eifel um. Der Bau des Hoch- und Frühbeets
für die Jungpflanzenanzucht beginnt und
unsere ersten Gäste verbringen ein Wochenende im Atelier

26. April	Die ersten Renovierungsmaßnahmen für den Ausbau des Verwalterhauses zu einer weiteren Ferienwohnung beginnen
28. April	Erster Einkauf beim Jungpflanzenmarkt für die ersten Gartenschritte
30. April	Der finale Umzug mit allem Drum und Dran geht über die Bühne
4. Mai	Ein Baum stürzt auf parkende Autos, ein weiterer wird daraufhin spontan gefällt
20. Mai	Arbeitseinsatz, Schlaglöcher in der Einfahrt füllen und Gestaltung des Vorplatzes vor dem Atelier
6. Juli	Große Einweihungsfeier mit Freunden
August	Herrichten und Neuanlage diverser Blumenbeete, erste kleinere Ernte von Kräutern und Gemüse
September	Renovierung des Erdgeschosses im Haupthaus für Angi und Karl-Heinz
Oktober	Sara ist schwanger
15. Dezember	Einzug von Angi und Karl-Heinz
17. Dezember	Abholen der großen Obstbaum-Hochstämme der LVR-Pflanzgutförderung im Kommerner Freilichtmuseum
17.-19. Dezember	Erste Anlage des Permakulturgartens

2020

28. März	Entschlammen des Ablaufs an den Hauptwiesen
5. April	Fällen von zehn Kiefern am Tennisplatz und zwei monumentalen Buchen im Wald vor dem Haupthaus
8. April	Auspflanzen der ersten Zöglinge in den neuen Permakulturgarten

17. April	Die Hühner ziehen ein
30. April	Max bekommt zwei Forellen von den Fliegenfischern aus der Urft und entdeckt seine Angelleidenschaft
Sommer	Alles wächst und gedeiht prächtig im Garten, nach einer Regenperiode bekommen aber alle Tomaten Braunfäule, Entsorgen von ca. 70 vollbehangenen Pflanzen. Es fällt der Entschluss, ein Gewächshaus zu bauen
11. Juli	Geburt von Michel
10. September	Trüffelfund bei der Gartenarbeit
12. September	Der Bau des Gewächshauses startet, ebenso die Kartoffelernte
Oktober	Im Erdgeschoss des Haupthauses wird ein neuer Ofen gebaut
1. Oktober	Übernahme des gesamten Gutes
4. Oktober	Besuch der Trüffelhunde mit Trüffelexperten aus Niedersachsen
Oktober	Herrichten des Gästehauses als dritte Ferienwohnung zur Vermietung
23. November	Das ikonische Rundbogenfenster des Ateliers wird ausgetauscht
30. November	Pflanzen der Trüffelbäume
Dezember	Händisches Aufbringen von 25 Tonnen Muschelkalk auf den Trüffelwiesen; das Dach über den Pferdeboxen wird erneuert

2021

Januar	Die Fotovoltaikanlage wird auf dem Dach des Pumpenhauses installiert
27. Februar	Bau eines kleinen Balkongartens

April/Mai	Austausch der alten Ölheizung / Einbau der Holzvergaseranlage, dafür Aufriss des ganzen Gutes; Durchbruch der Mauer an der Schafswiese; Bau des Feuerplatzes oberhalb des Buddhagartens neben dem Pumpenhaus
4. Mai	Anlage der Spargelbeete
7. Mai	Bau eines Feuerwehrparkplatzes vor der Toreinfahrt
27. Mai	Einsatz von Teichmuscheln und Schnecken zur Entschlammung des Sees; Fertigstellung des Gewächshauses
4. Juni	Wiederherstellung/Erneuerung der Zufahrt zum Tennisplatz vom oberen Wanderweg
5. Juni	Abtragen der alten Asche des Tennisplatzes
14. Juli	Flutkatastrophe
18. Juli	Große Aufräumaktion mit ca. 60 Helfenden samt Aufrichten der entwurzelten Bäume und Sträucher
August	Verschluss des Mauerdurchbruchs vom April 2021
28. August	Grobe Wiederherstellung des Permagartens mit Bagger und Radlader
20. September	Start der flutbedingten Renovierungsarbeiten im Atelier
25. September	Erster Malkurs mit Karl-Heinz und Benefiz-Veranstaltung »Elfmeterschießen« in Marmagen zugunsten der Flutopfer
5. Oktober	Fällen einer großen kranken Fichte vor dem Haupthaus
20. Oktober	Der neue Hühnerstall steht und die Hühner kehren zurück
Ende des Jahres	Neues Dach inklusive Dämmung und Einbau eines Kaminofens im Gästehaus

2022

19. März	Aufbau Folientunnel für die Tomaten- prinzessinnen
24. März	Spargelanlage, die zweite
28. März	Neue Terrasse und Parkplatz vor dem Atelier, dabei Entfernung der alten Betonplatten
Mai	Erstmalige »Urlaub gegen Hand«-Aktion
Juni	Beginn des Baus eines neuen Gewächshauses
Juli	Großflächiges Fällen der vom Borkenkäfer befallenen Fichten mit einem Harvester
Oktober	Anbringung neuer Dachrinnen am Haupt- haus und Ausbesserung des Dachgiebels
September	Zweites Mal »Urlaub gegen Hand«-Aktion, Brennholz machen
29. September	Große Sägeaktion mit mobilem Sägewerk
Dezember 2022	Umbau des Verwalterhauses, Vergrößerung und Erneuerung des Badezimmers, Bau von Etagenbetten im Kinderzimmer aus eigenem Holz
10./11. Dezember	Anbringung des Wildschutzes an den Trüffelbäumchen

2023

3. Januar	Michels Eingewöhnung im Kindergarten beginnt
7. Februar	Vierzehn Obstbäume werden neu gepflanzt
Februar	Der Fuhrpark wird um ein Boot erweitert
März	Renovierung des Badezimmers von Angi und Karl-Heinz, natürliche Gewässersanie- rung des Sees beginnt und »Urlaub gegen Hand« III
Mai	»Urlaub gegen Hand« IV

Danksagung

Für Gemeinschaft und
Austausch, Rat und Tat

*W*enn wir, allen voran, irgendwem dankbar sind, erst einmal der Familie, dass wir das, was auf Gut Neuwerk entsteht, gemeinsam meistern und gleichzeitig so harmonisch zusammenleben können. Dafür, dass wir irgendwie alle in die gleiche Richtung laufen und uns so gut ergänzen.

Auch darüber hinaus gibt es so viele Menschen, die uns helfen. Nicht nur im Sinne von »einen Stein von A nach B räumen«, sondern die uns inspirieren. Durch Ideen, Logiken und so viel mehr.

Die uns heiß machen auf das nächste Projekt. Diejenigen, bei denen das Geben und Nehmen auf einer gesunden Ebene abläuft, Unterstützung gegenseitig und keine Einbahnstraße ist. Denn – so viel ist von unserer Zeit als Leistungssportler doch in Erinnerung geblieben – ob Sieg oder Niederlage, Erfolg oder Misserfolg, vieles fühlt sich im Team einfach deutlich besser an. Wenn dieses Verständnis von Teamplay vorhanden ist, macht es total Spaß, zusammenzuarbeiten. Spaß, Gut Neuwerk zu entwickeln. Uns zu entwickeln.

Unser herzlicher Dank an:

Oma Angi und Opa Karl-Heinz – für den Mut des Neuanfangs und die Unterstützung

Michis Eltern – für Grundsteinlegung und Wesentliches

Friedel – für Rat und Tat

Wolters und Pelzers – für Freundschaft und Integrationshilfe

Osi – für die Sache mit diesem Internetz

Alec – für Design und Begeisterung

Prof. Dr. Schumacher – für Eifeltrüffel und Naturschutz

Don – für Pilze und Mikroben

Andy – für Ausdauer, denn aller guten Dinge sind ja bekanntlich drei

Barbara und Hardy – für Möbel, Spritzgebäck und Herzblut

Willi und Steffi – für Speis, Trank und so viel mehr

Annegret und Lena mit dem Verlagsteam – für Geduld, Struktur und Formsache

Kreis Euskirchen – für Projektunterstützung und persönliche Ansprache

Herbert Fuhrt und Arno Graff – für Vertrauen und menschliche Unterstützung

Familie Wachowsky – für Möglichkeit und Starthilfe

Unsere Freunde – Liebeliebeliebe

Allen Helferinnen und Helfern, die uns von Anfang an begleitet haben, durch Corona und Flut, durch dick und dünn. Allen voran Flori, Kalle und Bernd, folgend so viele weitere, die Liste würde den Rahmen sprengen – DANKE!

Lektüreempfehlungen und Linkliste

Wo wir unser Wissen (unter anderem) gefunden haben

Abschließend möchten wir euch noch eine kleine Liste an Büchern und Websites mit auf den Weg geben, die uns geholfen oder inspiriert haben.

Literaturempfehlungen

Dietrich, Marie: Selbstversorgung. Dein eigenes Gemüse anbauen, mit Hühnern kuscheln, in selbstgebackenes Brot beißen. Innsbruck: Löwenzahn Verlag 2022.

Drage, Sigrid: Permakultur. Dein Garten. Deine Revolution. Innsbruck: Löwenzahn Verlag 2021.

Frank, Gertrud / Bross-Burkhardt, Brunhilde: Gesunder Garten durch Mischkultur. Gemüse, Blumen, Kräuter, Obst. Altes Gartenwissen neu entdeckt. München: oekom Verlag 2019.

Gampe, Jonas: Letzter Ausweg: Permakultur. So krempeln wir

unsere Landwirtschaft um und sichern unser Überleben. Konzepte, Pläne, Hintergrundwissen. Innsbruck: Löwenzahn Verlag 2021.

Heistinger, Andrea / Arche Noah: Handbuch Bio-Gemüse. Sortenvielfalt für den eigenen Garten. Innsbruck: Löwenzahn Verlag 2020.

Kleber, Gerda / Kleber, Eduard W.: Gärtnern im Biotop mit Mensch. Das praktische Permakultur- und Biogarten-Handbuch für zukunftsfähiges Leben. Kevelaer: Organischer Landbau Verlag 1999/2010.

Palme, Wolfgang: Frisches Gemüse im Winter ernten: Die besten Sorten und einfachsten Methoden für Garten und Balkon. Innsbruck: Löwenzahn Verlag 2016.

Onlineempfehlungen

Garten

Viele Tipps und Informationen rund um die Themen Selbstversorgung und Gärtnern finden sich auf »Wurzelwerk«, von Marie Diederichs: https://www.wurzelwerk.net

Für persönliche Erfahrungen zum Anbauen von Obst und Gemüse lohnt sich auch ein Besuch im »Gartengemüsekiosk«: https://www.gartengemuesekiosk.de

Diejenigen unter euch, die sich lieber per Video inspirieren lassen, finden auf dem YouTube-Kanal »SelfBio« von Sascha Singh Gartentipps zum unbelasteten Anbau: https://www.youtube.com/c/SelfBio

Informationen zur ökologischen Gewässersanierung finden sich auf der Internetseite der NaturSinn International KG: https://www.natursinn.de

Wer tiefer in die Geheimnisse des Trüffelanbaus einsteigen

möchte, dem sei die Seite von Fabian Siebers »Lieneberg-land-Trüffel« empfohlen: https://leinebergland-trueffel.de/
Näheres zur Pflanzgutförderung des Landschaftsverbandes Rheinland (LVR) und zur Bereitstellung von Pflanzgut: https://lvr.de/de/nav_main/kultur/kulturfoerderung/pflanz gutfoerderung_1/pflanzgutfrderung_1.jsp
Noch im Entstehen ist »Bodenmutter«, das wird unsere Website für den Komposttee: http://bodenmutter.de

Ökologisches Bauen und Renovieren
Mehr zu natürlichen Baustoffen, wie Lehm und Hanf, erklärt David Feldbrügge auf »Lehm-Laden«: https://www.lehm-laden.de

Secondhandmöbel
Hübsche und nachhaltige Einrichtungsmöglichkeiten hält Marcel Struck von »exquisit.dasoriginal« bereit: https://www.instagram.com/exquisit.dasoriginal/?hl=de

Wo ihr uns finden und sehen könnt
Website: www.gutneuwerk.de
Instagram: @gutneuwerk
Ein Bericht über uns in der ZDF-Reihe »37 Grad« unter dem Titel »Unsere eigene Farm«: https://www.zdf.de/dokumenta-tion/37-grad/37-unsere-eigene-farm-100.html
Ein Beitrag über uns in der Dokumentation des WDR »Lebensträume«: https://www.ardmediathek.de/video/doku-und-reportage/lebenstraeume-aussergewoehnliches-wohnen-in-nrw-2-3/wdr/Y3JpZDovL3dkci5kZS9CZWl0 cmFnLTEzYmY1YmRlLTIyODYtNDg0OC05NWFhLWF F jMzQxOTQ4ODc0NA
Dokumentation vom BRF »Endlich Eifel«: https://m.brf.be/reportagen/931696/

DIANA & PERCY SHAKTI JOHANNSEN

Aussteigen, einsteigen, los!

Eine Familie tauscht Hamsterrad
gegen große Freiheit

*1 Auto, 2 Erwachsene, 3 Kinder –
und eine Reise ins Abenteuer*

Was brauchen wir wirklich?, fragt sich Familie Johannsen
und wagt das, wovon viele Menschen bloß träumen, nämlich: kurzerhand alles hinzuschmeißen und dem lästigen
Alltagstrott samt Hamsterrad an Verpflichtungen zu entflie-
hen. Diana und Percy Johannsen und ihre drei Kinder geben
alles auf: Jobs, Freunde, Familie und sogar ihren festen
Wohnsitz, um in ihrem ausgebauten Mercedes-Bus um die
Welt zu reisen. Ein alternatives Leben in absoluter Freiheit
erwartet sie!

Die wahre Geschichte einer Familie, die sich von starren
Normen und dem allgegenwärtigen Leistungsdruck befreit,
um ein Leben zu führen, das zu ihnen passt. Eine abenteuer-
liche, inspirierende Suche nach persönlicher Freiheit und
wahrer Erfüllung.

BJÖRN KERN

Wo die wilden Väter wohnen

Eine Stadtfamilie wagt sich aufs Land

»*Mach den Fisch wieder lebendig!*«

Den Traum vom Landleben – Björn Kern und seine kleine Familie wollen ihn wahr machen, und so ziehen sie von Berlin ins Oderbruch. Statt Etagenwohnung: ein verfallender Hof. Statt überfüllter Spielplätze mit quengelnden Helikopter-Eltern: wilde Natur und wortkarge Landväter, von deren stoischer Lässigkeit sich so einiges lernen lässt.

Doch das Landleben hat auch seine Tücken: Denn während seine Tochter sich rasend schnell akklimatisiert, realisiert Björn Kern, dass es ihm an den zentralen Fertigkeiten eines Landvaters mangelt. Er scheitert am Aufbau eines Wurf-Zeltes ebenso wie am fachgerechten Ausnehmen eines versehentlich geangelten Fischs. Doch zum Glück gibt es den schnoddrigen märkischen Nachbarn, der ihm in heiklen Situationen immer wieder mit liebevollem Spott auf die Sprünge hilft ...

Der perfekte Lesespaß für alle, die gern rausziehen würden. Und für alle, die das Landleben lieber aus der Ferne genießen, erst recht.

»Sein Hürdenlauf von der Berliner Kreativklasse zum vorerst nutzlosen Landei ist herzergreifend komisch und wahrhaftig.« Bücher Magazin